海口江东新区工程地质标准层序研究

文　健　周进波　阮　明　杨勇昌
梁定勇　符尤隆　杨永鹏　薛桂澄　著
周万丽　梁昌智　王江思　罗　晗

地质出版社
·北　京·

内 容 提 要

本书以《海南省岩石地层》和《中国区域地质志·海南志》区域岩石地层划分方案为指导，通过地层接触关系、岩石（沉积物）组合特征、年代学与沉积环境的研究，建立了海口江东新区地下200m深度的标准地层层序。在标准地层层序划分的基础上，建立了江东新区地下100m深度的工程地质标准层序。

本书是“海口江东新区地下空间开发利用潜力调查评价”项目工作成果的进一步总结和提升，研究成果可为海南的城市地质工作提供参考。

图书在版编目（CIP）数据

海口江东新区工程地质标准层序研究 / 文健等著. —
北京：地质出版社，2023.10
ISBN 978-7-116-13840-7

Ⅰ. ①海… Ⅱ. ①文… Ⅲ. ①工程地质-层序地层学
-研究-海口 Ⅳ. ①P642.426.61

中国国家版本馆CIP数据核字（2023）第189730号

HAIKOU JIANGDONG XINQU GONGCHENG DIZHI BIAOZHUN CENGXU YANJIU

责任编辑：田 野
责任校对：陈 曦
出版发行：地质出版社
社址邮编：北京市海淀区学院路31号，100083
电　　话：（010）66554528（邮购部）；（010）66554631（编辑室）
网　　址：https://www.gph.clmpg.com
传　　真：（010）66554661
印　　刷：海南博威印刷有限公司
开　　本：889mm×1194mm 1/16
印　　张：7.25
字　　数：185千字
版　　次：2023年10月北京第1版
印　　次：2023年10月海口第1次印刷
审 图 号：琼S（2023）279号
定　　价：62.00元
书　　号：ISBN 978-7-116-13840-7

前　言

为深入贯彻落实习近平总书记“4·13”重要讲话精神和《中共中央、国务院关于支持海南全面深化改革开放的指导意见》（中发〔2018〕12号），2018年6月3日，海南省委、省政府决定设立海口江东新区，将其作为建设中国（海南）自由贸易试验区的集中展示区、全面深化改革开放试验区的创新区、国家生态文明试验区的展示区，未来将打造成为世界一流的零碳新城、彰显中国文化海南特色的靓丽名片、城乡一体和谐共生的中国示范区、全球领先的生态CBD。

为支撑服务海口江东新区规划建设，在海南省委、省政府统筹部署下，由自然资源部中国地质调查局、原海南省国土资源厅、海口市人民政府、中国地质调查局武汉地质调查中心、海南省地质局、海南省地震局等单位协同实施了海口江东新区城市地质综合调查项目。其中，“海口江东新区地下空间开发利用潜力调查评价”作为海口江东新区城市地质综合调查项目的一个子专题，由海口市人民政府投入2280万元率先启动，并委托海南省地质局承担该项工作，为海口江东新区总体规划和起步区详细规划提供地质依据。2019年3月16日项目成果报告通过海南省自然资源和规划厅、海口市人民政府联合组织的以刘嘉麒、武强院士等国内知名专家组成的评审组的评审，获评96分，为优秀级。

本书是对“海口江东新区地下空间开发利用潜力调查评价”项目成果的进一步提升。在系统梳理前人区域岩石地层工作成果的基础上，结合地层接触关系、岩石（沉积物）组合特征、古生物化石、光释光年龄、^{14}C年龄等资料，对江东新区的地层层序进行了重新厘定，建立了江东新区200m以浅标准地层层序，对各地层的空间分布、岩性特征、沉积环境、年代及古生物特征、鉴定标志进行了总结。在江东新区地层层序研究成果的基础上，根据“海口江东新区地下空间开发利用潜力调查评价”项目施工的264个钻孔的工程地质分层数据，结合物探、静力触探、原位测试、样品的试验数据等成果综合分析，将江东新区100m深度范围内工程地质层划分为9个工程地质层组、34个工程地质层、17个工程地质夹层，对各工程地质层的空间展布特征进行了总结，并对各工程地质层（夹层）的物理力学参数进行了统计，为江东新区地下空间开发利用潜力评价奠定了基础。对江东新区进行工程地质分区，对各区的各工程地质层物理力学性质和承载力值进行了分析统计，并对各工程地质分区进行了评价。

本书由文健、周进波、阮明等撰写，文健完成了本书第一章、第二章、第五章的编写，周进波、符尤隆完成了第三章的编写，阮明、杨勇昌完成了第四章的编写，梁定勇、杨永鹏完成了第六章的编写，周万丽、梁昌智、王江思、罗晗参与了部分章节补充编写以及数据整理分析、图件编绘等工作。本书各章节完成后，由文健、薛桂澄对全书进行了统稿。本书由于研究范围广，加之笔者理论水平所限，难免存在不足之处，敬请读者批评指正。

著　者

2023 年 4 月

目　　录

第一章　江东新区概况

第一节　自然地理概况

海口江东新区位于海南岛东北部，地处海口市东海岸，北临琼州海峡，东临文昌市，南临云龙镇，西临南渡江，总面积为 298km^2，行政区域涉及灵山镇、演丰镇及桂林洋开发区，共计下辖 10 个派出所、69 个村委会，总人口约 23.89 万人。现阶段主要通过新东大桥、琼州大桥、海瑞桥、海榆东线、绕城高速与主城区相连接（图 1-1）。

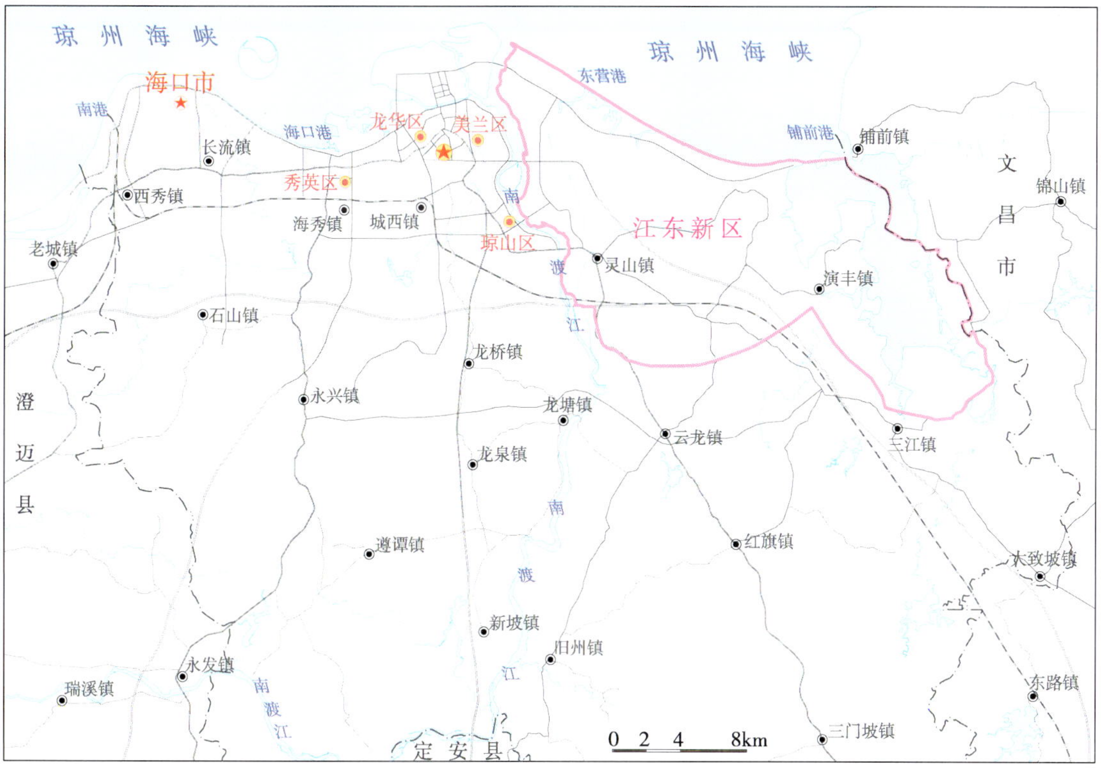

图 1-1　海口江东新区交通位置示意图

海口江东新区隶属海口市，为热带海洋气候和热带季风气候，高温多雨为主要气候特征，干湿季节明显。年平均气温 21～24.7℃，1—2 月平均气温 17.2～18.2℃，7—8 月平均气温 26～29℃，极端最高气温 40℃。根据 1985—2014 年气象资料分析，区域最小年降水量 978～1301mm，最大年降水量 2628～2967mm，多年平均降水量 1751～2016mm。

江东新区周边水系较为发育，西侧主要河流为南渡江，南渡江是海南岛的第一大河流，流经琼中、澄迈、定安、海口等市（县），全长 344km，流域面积大于 7033km^2，为海南省的主要灌溉水系；东侧为东寨港红树林保护湿地。主要地表河流有潭览河、迈雅河、道孟河、芙蓉河、演丰东河、演丰西河，主要蓄水水库有晋文水库、龙窝水库、博罗水库、牛下水库，东侧为东寨港红树林湿地公园，此外，区内的滨海滩涂地带人工养殖的鱼塘、虾塘十分发达，坑塘较多。

北部海域水深浅，风浪大，潮汐为日潮型，东部主要以不规则日潮混合潮为主，日潮约占半个月，半日潮平均为 11 天；最高潮位为 3.60m，平均潮位为 2.14m。波浪为季风型，冬季以东北向风浪或偏北风浪为主，热带气旋季节也盛行东北或偏北向风浪，风力强，大浪波高可达 6m，对北部、东部海岸作用尤其强烈。

第二节　规划概况

根据《海口江东新区总体规划纲要（2018—2035）》，江东新区将坚持“大视野、大思路、大手笔、大开合”工作思路，按照“两年出形象、三年出功能、七年基本成型”的时间表，全力加快推进规划建设。

一、规划目标

2020 年，江东新区与全国同步实现全面建成小康社会目标，生态和美丽乡村建设成效显著，自贸试验区建设取得重要进展，国际开放度显著提高。实现江东新区生态环境和美丽乡村品质提升、全面启动新区内重要基础设施和重要功能区建设、自由贸易试验区建设取得重要进展。全区国际开放度显著提高，努力建成投资贸易便利、法治环境规范、金融服务完善、监管安全高效、生态环境质量一流、辐射带动作用突出的高标准高质量自贸试验区，为逐步探索、稳步推进海南自由贸易港建设，分步骤、分阶段建立自由贸易港政策体系打好坚实基础。

2025 年，自由贸易试验区建设取得重要进展，经济社会发展质量和效益显著提高，自由贸易港制度全面建立。江东新区综合环境与服务能力显著提升，重要基础设施建设达到国际化水平，自由贸易试验区集中展示区基本成型，完成江东新区总部经济区（起步区）和临空产业园两大重要功能区建设工作。自由贸易港制度初步建立，成为国内外企业总部集聚地，营商环境达到国际化水平，临空经济区建设为面向泛南海国际贸易的航运枢纽园区。

2035 年，建设成为具有鲜明热带海岛特色，全方位践行中央新发展理念的对外开放国际化新区，为全球未来城市建设树立江东样板。全球领先的国际化生态新城，全球网络中重要的门户枢纽，交通网络便捷高效，现代化基础设施系统完备，具有示范效应的中国特色自由贸易港核心区。自由贸易港的制度体系和运作模式更加成熟，形成国际一流的法治化、国际化、便利化的营商环境和公平统一高效的市场环境，外商直接投资实际到位金额累积达到 2300 亿元。

展望到 21 世纪中叶，江东新区形成高度市场化、国际化、法治化、现代化的制度体系，实现全球贸易自由、人才自由、投资自由和创造自由；成为综合竞争力和文化影响力全球领先的对外开放新高地、南海经济主引擎、全球自贸体系大枢纽。

二、空间格局

江东新区将着力构建“山水林田湖草”与“产城乡人文”一个生命共同体的大共生格局；形成“田做底、水理脉、林为屏；西营城、中育景、东湿地”的总体格局。

连通海、田、林、湖、江，形成网络化的生态框架进行统一保护、统一修复，形成“一区映两心；三水纳九脉”的生态格局。

坚持生态优先、坚持营城先理水的理念、严守生态保护红线、保护永久基本农田。根据生态与人类发展的相互关系，在维护生态秩序的前提下，优化形成“一港双心四组团；十溪汇流百村恬；千顷湿地万亩园”的组团式生态文明城乡空间结构。城乡建设用地总规模控制在120km^2以内。

未来城市将做到蓝绿交融，以绿为底，以水为魂，构建蓝绿网络系统；水城互融，师法自然、理水塑景、诗意栖居，塑造人与自然和谐共生的城景互动空间；城乡共融，结合美丽乡村改造与综合环境整治；产城相融，城市组团以产业功能为核心，创新空间单元建设理念，构建舒适便捷的公共服务体系，促进产城融合互动发展，全方位保障江东新区可持续生长。

合理管控城市开发强度，以宜居生态为前提控制人口密度，突出人性化尺度，营造优美、安全、舒适、共享的城市空间。合理控制人口规模，2025年人口规模为40万人左右，2035年人口规模为85万人左右，远景人口规模不超过100万人。

三、公共设施规划

（一）交通体系

海口江东新区交通体系将以绿色交通为主导，坚持以人为本、可持续发展，按照快线慢网、窄路密网、网络化布局、智能化管理、一体化服务要求，以综合交通枢纽为核心，以多层次、四通八达的交通网络为纽带，支撑和引领新区跨越式发展，打造与江东新区功能定位相匹配、与生态景观环境相融合、多种交通方式相协调的高效、智能、安全、便捷、绿色、创新型综合交通体系。

构建分圈层交通发展模式，打造分层复合交通圈。在江东新区建立5分钟出行半径生活圈，以连续的慢行线路、社区公交连接轨道站点及公共服务场所；建立15分钟出行半径通勤圈，利用快速便捷的慢行通道、中低速云轨和社区公交连接居住和就业场所，并与轨道站点形成良好的接驳；建立30分钟出行半径连通中心城区的人脉交往联络圈，利用10处越江通道和4条轨道交通便捷沟通江东新区和中心城区；以高速公路和高速铁路构成综合运输走廊，建立1小时辐射海口、澄迈、文昌；2小时连通全岛主要城镇的对外交通辐射圈。

（二）市政基础设施

不断提高基础设施的承载能力和服务水平，加强对江东新区可持续发展的支撑保障和控制引导，实现对重大基础设施廊道和用地的预控管理，构建集约高效、安全可靠、绿色低碳、智能灵活的现代化市政基础设施体系。

未来将建设安全高效的供水格局、绿色安全的雨水排放系统、循环再生的污水处理设施、智能高效的能源互联网以及区域垃圾资源化、无害化处理。

（三）综合防灾

坚持常态减灾和非常态救灾相统一，高标准规划建设重大防灾减灾基础设施，全面提升监测预警、预防救援、应急处置等综合防范能力，确保新区在遭受突发城市灾害时能够快速分散风险，具备较强的自我恢复和修复功能。

构建综合防灾体系：构建韧性城市的防御体系，开展多维情景风险分析，动态评估识别江东新区重点城市灾害源，预先布控防灾重点；构建适应新常态的城市减灾空间，谋划韧性城市的减灾空间，合理评估预测灾害风险，积极预防主动应对，降低灾害的影响力和破坏力；健全韧性城市的应急管理体系，利用信息智能技术，构建全时全域、多维数据融合的城市安全监控体系，增强应急决策指挥和协调联动能力。

洪涝潮综合防治：全面提高洪涝潮防治标准，防洪标准为南渡江右堤防洪标准100年一遇，内部河流防洪标准20年一遇；防潮标准为西部产城融合区防潮标准100年一遇，东部生态功能区防潮标准 20~50 年一遇；内涝防治标准为西部产城融合区内重要城区排涝标准 50 年一遇，其他区域为 20 年一遇，东部生态功能区排涝标准 10 年一遇。

防洪排涝体系布局，统筹城市竖向设计，实施流域调控、分区应对、洪涝兼治的洪涝灾害管理对策；河道水系综合整治，统筹考虑排涝和城市景观等要求，按无洪潮顶托时设计洪水流量可自排确定河道规模；蓄涝（洪）区疏扩有度，充分利用现状坑塘和低洼地滞蓄涝水，并结合人工湿地或规划景观水面新建蓄涝（洪）区，增扩区域水面率及洪涝水蓄滞能力。按照海绵城市建设要求完善相应滞蓄设施配置，构筑城市外围蓄涝体系，疏解骨干河道洪涝水压力。

对区内断裂带的规避防范建设工程原则上一定范围内进行避让，重大工程建设部署前应开展专项活动断裂探测，进行地震安全性评价及抗震、减（隔）震技术适宜性论证；抗震及次生灾害防御须满足《建筑抗震设计规范》（GB 50010—2010，2016 版）的抗震设防要求，重大工程应依据地震安全性评价结果进行抗震设防；区域消防以及生命线的工程防灾等均有相应的布局及建设要求。

四、地下空间开发利用规划

（一）地下空间整体布局

按照浅层开发为主，局部按需中深层开发的原则，将江东新区地下空间开发分为重点开发区和一般开发区。重点开发区主要结合三江口国际文化交往组团、滨江国际综合服务组团、美兰空港综合发展区进行适量布局，形成以地上综合性开发为主，综合布局地下商业、文化娱乐等公共服务设施以及地下停车场、步行交通设施的地下空间开发格局；一般开发区主要满足人防及地下停车需求。

（二）地下空间功能布局

统筹布局地下空间功能，加强地上地下空间功能联系，实现地面、地下一体化发展。地下空间开发应符合城市发展需求，平衡开发投资和收益。统筹布局城区公共地下停车、一般地下停车、地下物流系统等地下空间，构筑公共地下空间混合商业、文化娱乐等公共服务及人防工程等城市地下公共节点；空港国际自贸区配备地下物流专属空间，实现货运分流，减少地面货运负面干扰。

第二章　区域地质特征

江东新区及邻区出露的地质体主要为新近系和第四系，旧州东南部出露少量下白垩统鹿母湾组砂岩、东寨港以东的文昌一带出露志留系和三叠纪侵入岩（图2-1）。

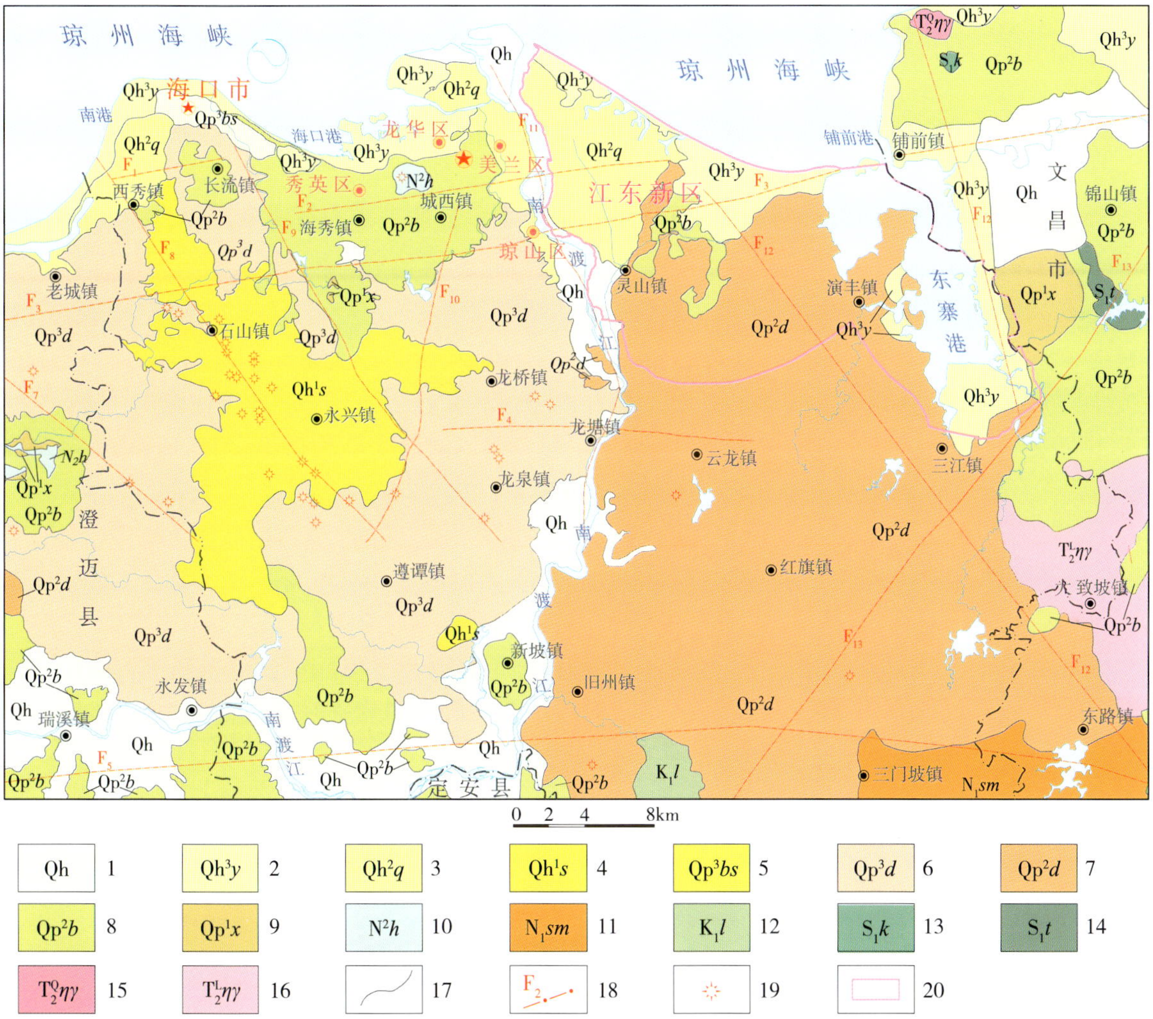

图2-1　区域地质简图

1—第四系冲洪积细砂、中粗砂和含砂质黏土；2—上全新统烟墩组粉细砂、中粗砂、黏土、淤泥质黏土、淤泥质砂；3—中全新统琼山组中粗砂、粉细砂、粉质黏土、淤泥质粉质黏土；4—下全新统石山组玄武质熔岩；5—上更新统八所组粉细砂、中砂及含细砾中粗砂；6—上更新统道堂组火山碎屑岩、基性火山熔岩、沉火山碎屑岩；7—中更新统多文组橄榄玄武岩、辉石玄武岩；8—中更新统北海组含砾黏土质砂、粉细砂、含玻璃陨石砂砾；9—下更新统秀英组黏土、亚黏土、砂、砂砾；10—上新统海口组黏土、粉砂质黏土、贝壳碎屑岩、贝壳碎屑砂砾岩；11—中新统石马村组橄榄玄武岩与角砾凝灰岩互层；12—下白垩统鹿母湾组复成分砾岩、凝灰质砂岩、粉砂质泥岩；13—下志留统空列村组板岩、细砂岩、变质中细粒砂岩；14—下志留统陀烈组变质石英细砂岩、粉砂岩、绢云板岩；15—中三叠世琼中县中粒斑状（角闪）黑云二长花岗岩；16—中三叠世黎母岭粗中粒（巨）斑状角闪二长花岗岩；17—地层界线；18—推测断裂及编号；19—火山口；20—江东新区范围

第一节　岩石地层特征

一、地层

（一）古生界

下志留统陀烈组（S_1t）：主要分布于文昌市湖山乡北部，岩性主要为变质石英细砂岩、粉砂质绢云板岩。

下志留统空列村组（S_1k）：主要在文昌市铺前大岭一带出露，岩性主要为板岩、细砂岩、变质中细粒砂岩。

（二）中生界

下白垩统鹿母湾组（K_1l）：主要分布于旧州东南部，岩性主要为复成分砾岩、凝灰质砂岩、粉砂质泥岩。

（三）新生界

1. 新近系

中新统石马村组（N_1sm）：分布于三门坡—东路以南，岩性主要为橄榄玄武岩与角砾凝灰岩互层。

中新统灯楼角组（N_1d）：隐伏于琼北盆地，岩性主要为绿—黄绿色粉细砂、含砾中粗砂、砂砾、含砾黏土质砂等，以普遍含有海绿石为特征，是琼北地区第 3+4 孔隙承压水的含水层位。顶板埋深 12.51~173.5m，自南渡江以南的盆地边缘向东北部埋深逐渐增大。

上新统海口组（N_2h）：主要分布于南渡江以北的澄迈县—东山一带，是琼北地区分布最广的地层，以含贝壳为特征，是琼北最重要的地下水含水层。顶板埋深 4.5~75.0m，地层厚度 23.4~121.0m，总体自南向北埋深和厚度逐渐增大。根据沉积旋回及岩性岩相特征划分为 4 个岩性段。第一段（N_2h^1）岩性主要为黄褐色、灰色、灰绿色贝壳砂砾岩与砾岩互层，偶夹灰、灰白色粉砂岩或粉砂质泥岩，为琼北地区的第 2 承压含水层位；第二段（N_2h^2）岩性以灰、灰黑色黏土或泥岩为主；第三段（N_2h^3）岩性主要为灰、深灰色贝壳砂岩、贝壳碎屑、贝壳砾岩，局部相变为灰、灰黄色生物碎屑灰岩，为琼北地区的第 1 承压含水层位；第四段（N_2h^4）岩性主要为浅灰、灰色粉砂质黏土、黏土，含海绿石，呈硬塑状，具水平层理，上部偶夹灰、灰黑色凝灰岩、玄武岩。

2. 第四系

下更新统秀英组（Qp^1x）：隐伏于江东新区的大部分地区，东寨港以东局部地段有出露。为滨海潟湖相沉积层，平行不整合于上新统海口组（N_2h）之上，被中更新统冲洪积层（Qp^2b）、全新统海湾/潟湖沉积层（Qh^2q）、全新统海相沉积层（Qh^3y）平行不整合覆盖，岩性主要以黏土或粉质黏土为主，次为砂层、砂砾层、砾石层等，厚度 1.0~38.0m。

中更新统北海组（Qp^2b）：主要出露于文昌市铺前东北部、锦山—昌福圩一带和海口市府城—海秀乡、灵山镇东北部，以及长流镇、白莲镇西南部、瑞溪东北部和西南部、东山东北部和西南部、新坡一带。隐伏于全新统海湾/潟湖沉积层（Qh^2q）与海相沉积层（Qh^3y）之下，呈平行不整合接触，岩性为砂质黏土、砂、砂砾、砂质砾石互层，下部砾石层往往含玻璃陨石或铁质结核，厚度 1.1~17.0m。

中更新统多文组（Qp^2d）：主要出露于灵山—红旗—东路一带，地表多被玄武岩风化残积的粉质黏土所覆盖，下伏玄武岩，裂隙孔洞不发育。玄武岩风化残积层厚度 1.0~10.0m。

上更新统八所组（Qp^3bs）：主要出露于长流东北部沿海一带，为一套海成阶地堆积物，岩性主要为灰白、褐黄、黄色粉细砂、中细砂，含黏土或黏土团块，厚度 1.5~22.0m。

上更新统道堂组（Qp^3d）：主要出露于龙塘—十字路—遵谭和老城—美安—东山一带，岩性为火山碎屑岩、基性火山熔岩、沉火山碎屑岩。

下全新统石山组（Qh^1s）：主要出露于石山—永兴一带，岩性为玄武质熔岩。

中全新统琼山组（Qh^2q）：主要出露于东营—灵山、美兰区、海甸岛南部和南港—东水港靠内陆一带，为滨海潟湖堆积，与海相沉积层（Qh^3y）呈整合接触，岩性为粉细砂、含砾中粗砂、淤泥质砂、粉质黏土等，厚度 2.0~13.0m。

上全新统烟墩组（Qh^3y）：主要出露于北部沿海和文昌市铺前、罗豆圩、三江一带，岩性为滨海堆积的粉细砂、含砾中粗砂、淤泥质砂、粉质黏土等，厚度 2.2~12.4m。

全新统未分（Qh）：主要沿南渡江两岸和司马坡岛、新埠岛分布，文昌市罗豆圩一带有大面积出露，为冲洪积成因的细砂、中粗砂、粉质黏土和含砂粉质黏土，厚度 1.3~29.0m。

二、火山岩

区域广泛分布新生代火山岩，新生代是区内火山活动的强盛时期，自古近纪始新世以来，曾发生过多期、多次火山活动，火山喷发时断时续，一直延至第四纪全新世。新近纪火山岩除海口市金牛岭出露于地表外，大部分隐伏于地下；第四纪火山岩则广泛出露于地表并形成大面积的玄武岩被和众多的火山锥。新生代火山岩大部分为火山熔岩（玄武岩类）和火山碎屑岩，部分为沉火山碎屑岩。

三、侵入岩

区域内主要分布于大致坡镇和文昌市铺前大岭地区，为三叠纪侵入的中酸性花岗岩类，主要矿物成分为钾长石、斜长石、石英。

四、构造

区域大地构造位置十分独特，在漫长的地质历史发展过程中经历了多期次的构造运动，形成了东西向、北东向、北西向和南北向等主要构造体系相互交织的复合构造格局。近东西向断裂控制着断陷盆地的形成和发展，而北西、北东向断裂构造控制盆地内次级构造的形成和分布。4 组断裂具有多期次活动性，控制着新生代多次火山活动、地震活动、沉积建造类型、成矿作用等。

第二节　地貌特征

依据海口江东新区第四系成因类型，结合地形特征，按照地貌形态，把区内陆地地貌划分为火山地貌、河流地貌、湖成地貌、海岸地貌等 4 个二级地貌单元、8 个三级地貌单元（表 2-1；图 2-2）。

表 2-1　海口江东新区地貌单元划分表

二级地貌		三级地貌	所对应第四纪沉积物成因类型
河流地貌	堆积	河流阶地（Ⅰ）	近代冲积物（*al*）
		冲积平原（Ⅱ）	冲洪积物（*apl*）
		三角洲平原（Ⅲ）	河口堆积物（*mem*）
火山地貌	裂隙式喷发	火山岩台地（Ⅳ）	火山堆积物（*vl*）
湖成地貌	湖积	湖积平原（Ⅴ）	湖积物（*l*）
海岸地貌	海积	海湾堆积平原（Ⅵ）	滨海沼泽堆积物（*mfl*）
		海成沙堤（Ⅶ）	滨岸堆积物（*mcm*）
		海积阶地（Ⅷ）	

注：地貌单元划分参考《1：50000 浅覆盖区区域地质调查细则》（DZ/T 0158—95）。

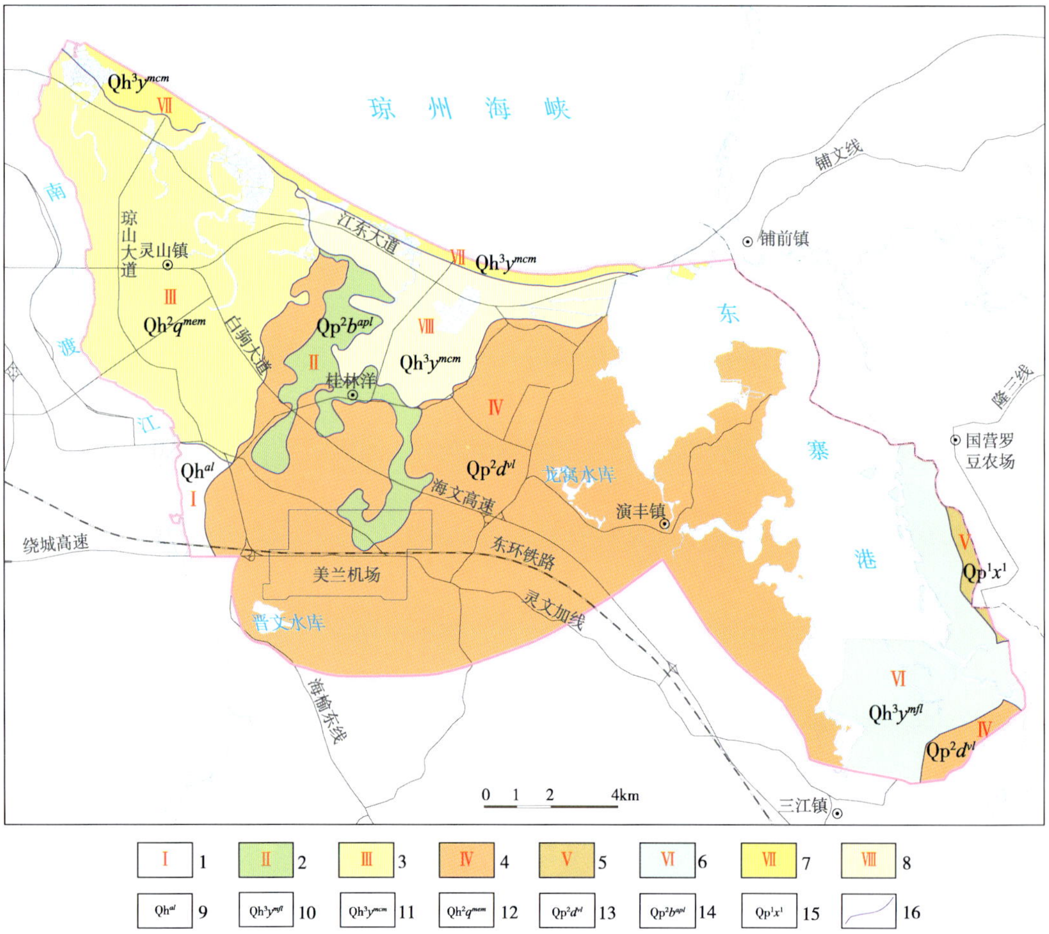

图 2-2　海口江东新区地貌图

1—河流阶地；2—冲积平原；3—三角洲平原；4—火山岩台地；5—湖积平原；6—海湾堆积平原；7—海成沙堤；8—海积阶地；9—近代冲积物；10—烟墩组滨海沼泽堆积物；11—烟墩组滨岸堆积物；12—琼山组河口堆积物；13—多文组火山堆积物；14—北海组冲洪积物；15—秀英组湖积物；16—地貌类型分界线

一、河流地貌

河流地貌可划分为 3 种三级地貌，分别为河流阶地、冲积平原和三角洲平原。

（一）河流阶地（Ⅰ）

河流阶地主要分布于江东新区灵山村东部至南渡江东部沿岸。区域上地形上较为平坦、开阔，多为耕作地，标高一般为 2~10m。岩性主要为黄色砾砂、中粗砂、细中砂，为全新世及现代河流沉积物，水动力条件较为动荡，沉积物粒度较粗，层厚 1~10m。该区域在 1∶5 万三维地貌图上较为平坦，几乎没有起伏。

（二）冲积平原（Ⅱ）

主要分布于小燕尾村—灵山村、桂林洋—林香村一带，由黄褐色、红褐色含砾、含黏土中细砂或者细中砂，黄褐色砾砂以及含砾含黏土质中粗砂组成。地形呈波状起伏，部分地段地形平坦，切割程度低，标高一般在 5~8m，局部地段地面切割强烈，多呈平岗低丘状，冲沟切沟等微地貌发育。从三维地貌图上可以看出，冲积平原凸起程度低于火山岩台地，但比起周围的海积地貌凸起程度明显。

（三）三角洲平原（Ⅲ）

主要分布于南渡江东侧至道孟河西侧，南至灵山村北侧，岩性以褐黄色、浅褐黄色粗砂、砂砾、中砂以及灰黑色粉砂质黏土、富含有机质黏土为主，层厚 10~30m。区域上地形较为平坦、开阔，多为耕地，河网密布，水系发育，标高一般为 2~5m。

二、火山地貌（Ⅳ）

主要分布于江东新区中南部以及演丰镇一带，由多文组玄武岩组成。地表多为玄武岩风化土，断续见气孔状玄武岩。火山岩台地经过长期风化剥蚀和流水侵蚀作用，已发育成为厚层红土的丘陵状台地，侵蚀切割较强。台地呈南北向，地势总体由南往北降低。1∶5 万三维地貌图上显示，火山岩台地凸起程度高于周边的三角洲平原、海积阶地和冲积平原。台地标高一般介于 20~35m，台面起伏大，水系发育，常见水库分布。

三、湖成地貌（Ⅴ）

地表仅出露于罗豆农场西南一带，岩性由杂色黏土或灰褐—黄褐色含砾含砂质黏土、灰白色砂砾层组成，地形平坦，标高 2~5m，水系发育，以河沟和洼地为主。该区域的凸起程度高于周边的冲积平原，但与海湾堆积平原相比，凸起程度不明显。

四、海岸地貌

（一）海湾堆积平原（Ⅵ）

主要分布于东寨港红树林片区，岩性为灰黑色黏土、含黏土质粉砂质细砂，地表平坦，标高一般 1~5m，沿着海湾分布，微向海倾斜。动植物繁盛，构成小型生态系统。

（二）海成沙堤（Ⅶ）

主要分布于江东新区北部沿岸地区，由烟墩组黄色中砂、细砂组成，含有贝壳、珊瑚等生物碎屑，呈条带状平行海岸线分布。沙丘带的基部是烟墩组老沙堤，由于海平面下降后退，海成沙堤不断堆积，形成海岸沙堤。海口江东新区烟墩组地形略有起伏，标高一般为2~8m。1∶5万三维地貌图上可以明显看出有一条带状的海岸沙堤沿着调查区海岸带分布，与周围海成一级阶地具有明显的高差。

（三）海积阶地（Ⅷ）

主要分布于江东新区起步区至东部沿海以及高山村以北地区，岩性主要为灰色、灰白色、黄色、灰黑色砾砂、中粗砂、含生物碎屑中砂，灰黑色淤泥质黏土、黏土，砂粒分选性较好，成熟度高，普遍含有钛铁矿、铬铁矿、锆石及电气石等。由于透水性好，难以形成地表水流，故阶地面保存完整，地形平坦。阶地呈“丁”字形，标高2~4m。

第三章　地层层序划分及特征

第一节　地层层序划分

依据《海南省岩石地层》和《中国区域地质志·海南志》区域岩石地层划分方案，划分海口江东新区标准地层、标准工程地质层。在系统梳理前人工作成果的基础上，结合地层接触关系、岩石（沉积物）组合特征、古生物化石、光释光年龄、^{14}C 年龄等资料，对江东新区的地层层序进行了重新厘定，建立了江东新区 200m 以浅标准地层层序，对各地层的空间分布、岩性特征、沉积环境、年代及古生物特征、鉴定标志进行了总结（图 3-1；表 3-1）。

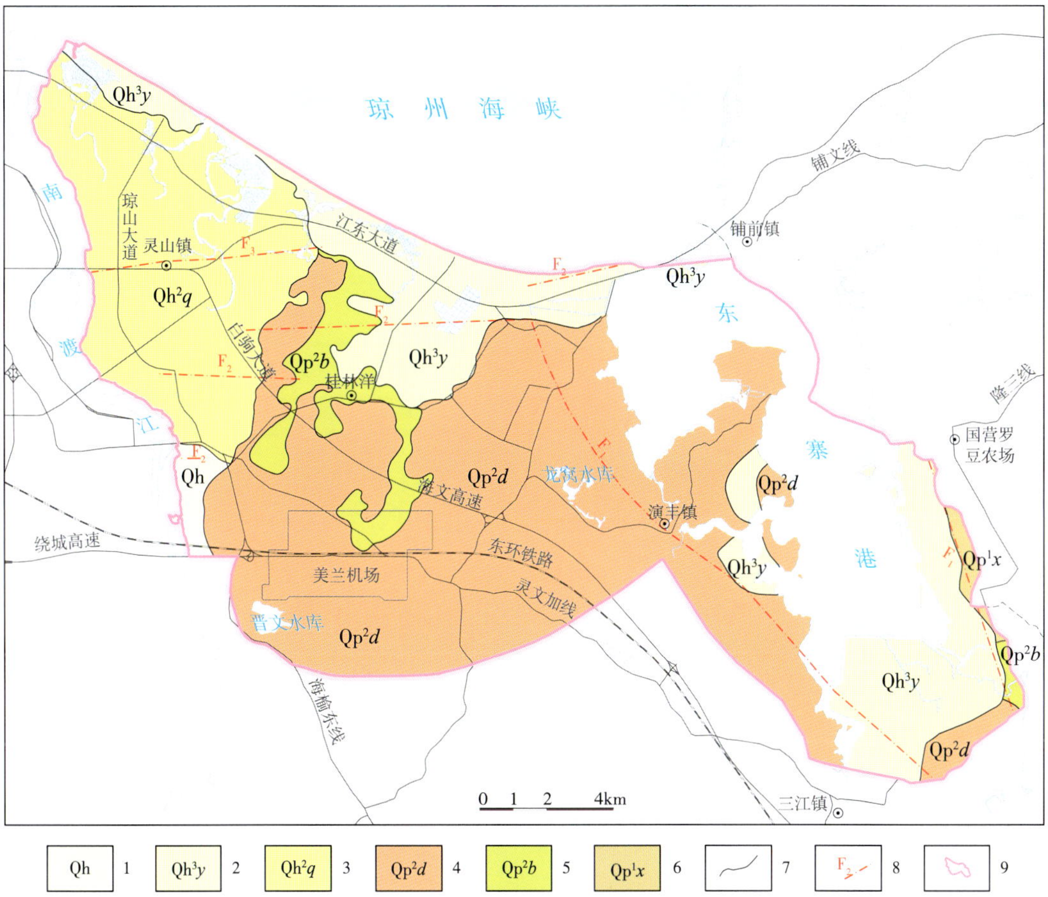

图 3-1　江东新区地质略图

1—冲洪积细砂、中粗砂和含砂粉质黏土；2—烟墩组粉细砂、中粗砂、黏土、淤泥质黏土、淤泥质砂；3—琼山组中粗砂、粉细砂、粉质黏土、淤泥质粉质黏土；4—多文组橄榄玄武岩、辉石玄武岩；5—北海组含砾黏土质砂、粉细砂、含玻璃陨石砂砾；6—秀英组黏土、砂、砂砾；7—地层界线；8—推测断裂及编号；9—江东新区范围

表 3-1　江东新区 200m 深度标准地层层序与特征一览表

年代地层 界	系	统	阶	华南地层大区 / 东南地层区 / 雷琼地层分区 / 海口地层小区	基础地质特征 岩性组合特征	沉积环境	年龄与古生物	空间结构
新生界	第四系	全新统	未分	（未建组）	中下部黄色砂砾，上部中细砂，河流冲洪积，具下粗上细的河流“二元结构”	河流相	光释光（OSL）年龄：0.5±0.1ka	仅分布于南渡江东岸至群山村之间，埋深 0~11m，厚 3~14.8m
			上	烟墩组	黄色砂与灰黑色淤泥质黏土互层，多以灰白色砂砾层为底	滨海—潟湖相	孢粉：*Polypodiaceae*，*Quercus*，*Castanopsis*，*Graminae* 等；光释光（OSL）年龄：0.9±0.3ka	分布于江东新区沿海以及演村至高山村一带，层顶埋深 0~17.5m，厚 0~17.5m
			中	琼山组	多为细颗粒—粗颗粒的 2 个沉积旋回，底部为褐黄色、浅褐黄色粗砂层、砂砾层，局部夹卵石（鉴定标志层），粗砂层之上由中砂渐变为灰黑色淤泥质黏土（沉积旋回分界线、鉴定标志层），上部为灰黄色、灰色、灰褐色中粗砂渐变为灰黄色粉质黏土	三角洲相	有孔虫：*Quinqueloculina*，*Triloculina tigonula*，*Ammoniatepida*，*Elphidium*；孢粉：*Castanopsis*，*Dacrydium*，*Proteaceae*，*Cyathea* 等；^{14}C 年龄：8460~10230a	分布于南渡江东侧至道孟河西侧，南至灵山镇北侧，层顶埋深 0~30m，厚 0.4~39.8m
		更新统	中	多文组	底部灰黑色致密-气孔状玄武岩（鉴定标志），上部风化作用强，为残积厚层红土	火山喷发相	$^{39}Ar-^{40}Ar$ 年龄：1.12±0.02Ma	南东起于东寨港，北西至道孟河南部，南西起于云龙镇，北东至塔市村，层顶埋深 0~23m，厚 0.5~25.0m
				北海组	下部以黄褐色砾砂、含砾含黏土质中粗砂为主，上部以黄褐、红褐色含砾、含黏土中细砂或细中砂为主，颗粒分选性差、粗粒矿物磨圆度差（鉴定标志层）。夹少许铁质结核	冲积扇相	玻璃陨石裂变径迹法测定年龄：52.7±5.8 万~76.5±4.3 万 a；热释光（TL）年龄：22.7±0.1 万~29.6±0.1 万 a	呈狭长带状分布于小燕尾村—灵山镇、桂林洋—林香村一带，层顶埋深 0~12m，厚 0.5~0.8m
			下	秀英组	底部灰白色、灰黄色砂砾层，上部紫红夹白、黄色等杂色黏土层（鉴定标志层）	湖泊相	古地磁年龄：73 万 a	分布于云龙镇—演丰镇一带，灵山镇—桂林洋经济开发区一带以及抱历溪—福创港一带，层顶埋深 0.0~39.8m，厚 0.3~27.7m
	新近系	上新统		海口组 四段	受海进海退影响，沉积物特征由无障壁海岸—浅海陆棚相变化，由下至上多分为四段，一段灰白、褐黄、褐红色贝壳砂砾岩，二段厚层灰黑色粉砂质黏土，三段灰白、灰色贝壳碎屑砂岩，四段为灰黑色粉砂质黏土	浅海陆棚相	底栖有孔虫：*Pseudotrotalia yabei*，*Amphisterina radiata*，*Operculina complanata*，*Heterolepa dutemplei*，*Ammonia*，*Elphidium* 等；孢粉：*Polypodiaceae*，*Castanea*，*Graminae*，*Pinus*，*Gramineae*，*Castanea*，*Quercus*，*Graminae* 等	隐伏分布全区，局部缺失四段，美兰—演丰以南埋深 20~78.5m；美兰机场—塔市村一带、桥东村—龙窝水库一带埋深 20~110m；新岛村—铺前大桥一带埋深 10~150m；灵山镇—沙上港一带埋深 20~200m。厚度：四段 0.7~52.9m、三段 0.7~39.4m、二段 1.3~67.5m、一段 2.0~60.0m
				三段		无障壁海岸相		
				二段		浅海陆棚相		
				一段		无障壁海岸相		
		中新统		灯楼角组	中下部为灰色、灰黄色、灰绿色粉砂、中砂岩夹灰绿色、绿色粉砂质黏土；上部为青灰色、灰绿色黏土	浅海陆棚相	孢粉：*Castanopsis*，*Dicolpopollis*，*Liquidambar*，*Polypodiaceae*，*Pinus*，*Quercus* 等	三江镇北部埋深 60~100m；桂林洋—起步区南部埋深 60~170m；灵山镇—美兰机场、灵山镇—铺前大桥埋深 90~240m；北部沿海一带埋深 150~300m
				角尾组	灰褐色、灰绿色粉砂夹黏土，局部间夹灰绿色薄—中层状粗、中砂层	浅海陆棚相	孢粉：*Polypodiaceaesprites*，*Tricolpites*，*Graminidites* 等	美兰机场—演丰镇一带埋深 180~270m；灵山镇—铺前大桥一带埋深 310~370m；东营镇一带埋深大于 430m
				下洋组	下部以灰白、灰绿色砂砾岩层、中粗砂岩层为主；中上部以灰、灰绿色泥质粉砂岩和粉砂质浅海陆棚相泥岩为主	浅海陆棚相	孢粉：*Polypodiaceaesprites*，*Tricolpites*，*Graminidites* 等	美兰机场—演丰镇一带埋深 200~290m；灵山镇—桂林洋大学城一带埋深 390~470m；东营镇—铺前大桥一带埋深大于 500m
古生界	石炭系—二叠系			石英岩、片岩、片麻岩、混合岩（未建组）	中下部片岩、片麻岩、混合岩，上部石英			200m 深度范围仅美兰机场—演丰镇一带揭露，层顶埋深约 190m

一、石炭系—二叠系

江东新区地表未见前新生代地层出露，前人钻孔资料显示，云龙—演丰一带（云龙凸起）新生界之下的基底岩石为一套绿片岩相-角闪岩相变质岩石组合，岩性以石英岩、片岩、片麻岩、混合岩等为主。本次勘查在云龙镇附近的 JDSK14 钻孔以及美兰村一带的 JDSK17 钻孔底部发现了该套石英岩，结合海南 1∶5 万海口市幅等区域地质调查最新成果，将云龙凸起变质岩系划归为石炭系—二叠系。

二、新近系

长期以来，对于新近系的划分及时代归属有许多意见，本书采用《海南省岩石地层》（1997）的划分方案和时代归属，将区内新近系自下而上划分为下中新统下洋组、中中新统角尾组、上中新统灯楼角组和上新统海口组。新近系在江东新区地表未见出露，主要呈隐伏分布。

（一）下洋组（N_1x）

下洋组是地质部第四石油地质普查勘探大队于 1964 年建立，命名层型剖面位于广东省徐闻县下洋姑苏村雷琼 3 井 748.2~892.2m 井段，海南省内次层型剖面为澄迈县福山盆地福 1 井（茂名石油公司地质处，1975）和海口市玉沙村 Zk18 钻孔（海南地质大队，1988），指夹于涠洲组与角尾组之间的一套粗碎屑岩，该组为储油层位。

1. 空间分布特征

江东新区内下洋组顶板埋藏较深，灵山村以北一带的下洋组埋深普遍大于 200m。登高村一带的下洋组厚度较浅，该区域附近的 JDSK17 钻孔下洋组顶板埋深为 153m，为区内下洋组顶板埋深最浅点，往北下洋组埋深越来越大，美兰机场—演丰镇东侧一带埋深 200~290m；灵山镇—桂林洋大学城一带埋深 390~470m；东营镇—铺前大桥一带埋深大于 500m（图 3-2）。

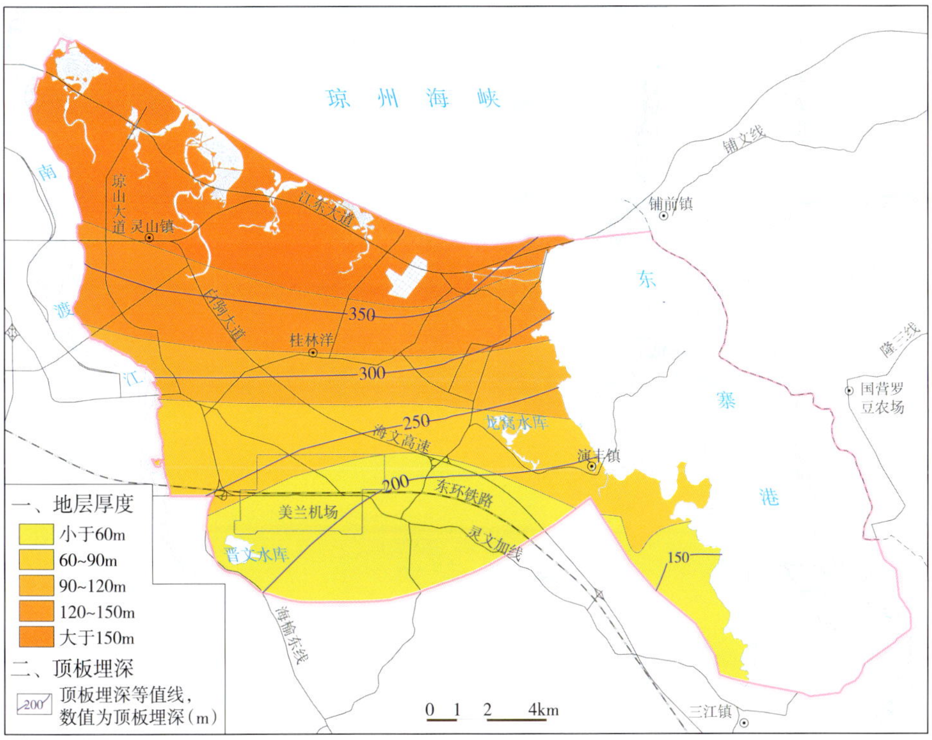

图 3-2 江东新区下洋组空间分布图

2. 岩性特征

（1）典型钻孔剖面

江东新区下洋组代表性剖面 JDSK17 钻孔位于登高村，坐标 *X*：2203826.561；*Y*：450770.439，标高 12.894m。该钻孔进尺为 200m 的水文地质钻孔，该孔下洋组顶部与上覆中中新统角尾组呈整合接触，底部与下伏石炭系—二叠系呈角度不整合接触。JDSK17 钻孔中下洋组岩性特征详见图 3-3。

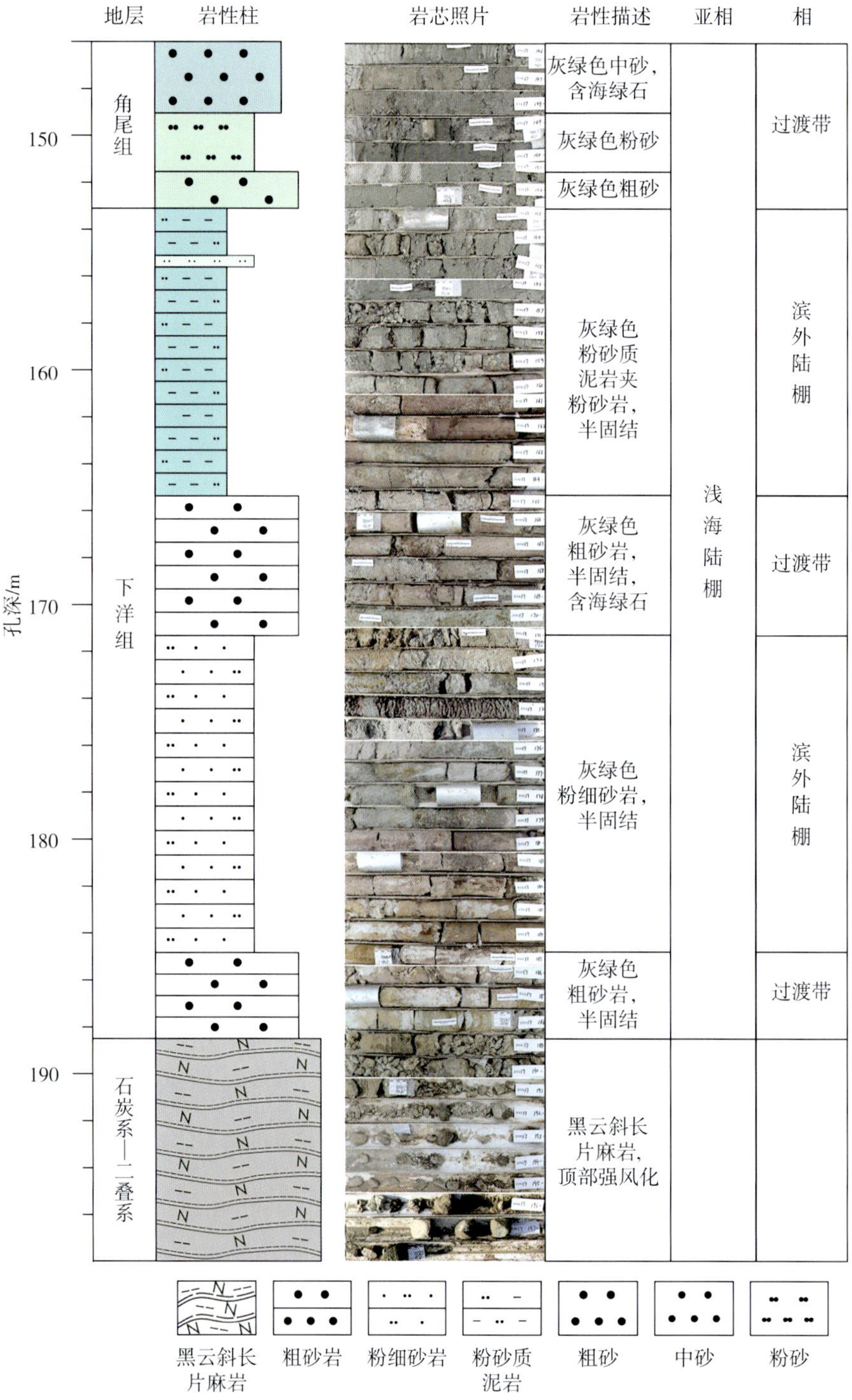

图 3-3　江东新区登高村 JDSK17 钻孔综合柱状图

（2）岩性及组合特征

江东新区下洋组主要呈隐伏分布于盆地中。区内下洋组基本为半成岩，局部见松散碎屑物。下部以夹灰白、灰绿色砂砾岩层、中粗砂岩层为主，夹薄层粉砂岩层，局部呈互层状；中上部以灰、灰黑色、灰绿色泥质粉砂岩和粉砂质泥岩为主。该组中碎屑成分以石英为主，含少量长石、暗色矿物及变质岩岩屑，普遍含有海绿石，局部发育平行层理，分选性中等—较好，矿物呈次圆状，富含孢粉化石。JDSK17 钻孔底部以灰白色粗砂岩与下伏石炭系—二叠系黑云斜长片麻岩呈角度不整合接触，顶部以灰绿色粉砂质泥岩与上覆角尾组灰绿色砂层、砂砾层呈整合接触，该孔下洋组厚约 41.9m。

3. 年龄与古生物特征

下洋组中产孢粉化石及有孔虫，其中前者较丰富。据收集资料，在海口地区产出的孢粉称为 *Polypodiaceaesprites-Tricolpites-Graminidites* 组合，其主要成分及组合特征均与北部湾坳陷下洋组可以对比，时代属早中新世。

4. 沉积环境

滨外陆棚沉积主要为黏土岩、粉砂岩、细砂岩，水体较深处，尤其在黏土岩中发育水平层理（朱莜敏，2007）。岩性主要以细粒黏土粉砂为主，底部为砂砾层，黏土岩中可见清晰的平行层理。通过岩性对比，下洋组形成于浅海陆棚沉积环境，并可进一步划分为滨外陆棚和过渡带。滨外陆棚主要沉积泥岩、泥质粉砂岩、粉细砂岩等粒度较细的沉积物；滨外陆棚与滨岸带之间的过渡带主要沉积细中砂岩、粗中砂岩等粒度较粗的沉积物。

5. 鉴定标志

（1）标志层划分

该组以底部灰黄、灰白色粗砂岩作为地层划分的标志层（图 3-4）。

图 3-4 JDSK17 钻孔下洋组底部灰白色粗砂岩照片

（2）区分标志

下洋组与角尾组在岩性上不易区分，但两者也存在少许差异：①下洋组底部岩性以灰白色砾质砂岩、粗砂岩为主，岩石粒度整体上比角尾组粗；②下洋组沉积物基本成岩，固结程度比角尾组高。

（二）角尾组（N_1j）

角尾组系地质部第四石油地质普查勘探大队于1964年创建，层型剖面为广东省徐闻角尾雷琼1井600~986.8m井段，原指雷州半岛位于下洋组与灯楼角组两套较粗碎屑岩之间的细碎屑岩。海南省内次层型剖面为澄迈县福山盆地福1井（茂名石油公司地质处，1975）、海口市长流地区Zk16钻孔（海南地质大队，1976）。

1. 空间分布

区内角尾组顶板埋深较深，灵山村以北一带的角尾组埋深普遍大于200m。美兰镇一带的角尾组埋深厚度较浅，JDSK17钻孔角尾组顶板埋深为109.5m，为区内角尾组顶板埋深最浅点，越往北角尾组地层埋深越大：美兰机场—东演丰镇一带角尾组埋深180~270m；灵山镇—铺前大桥一带角尾组埋深310~370m；东营镇一带角尾组埋深大于430m。

2. 岩性特征

（1）典型钻孔剖面

江东新区角尾组代表性剖面JDSK14钻孔位于云龙镇北戏村，坐标 *X*：2202012.532；*Y*：445142.46。该钻孔进尺为200m，124.5~181m段为中中新统角尾组，层位发育齐全，顶部与上覆上中新统灯楼角组呈整合接触，底部与下伏石炭系—二叠系呈角度不整合接触。JDSK14钻孔中角尾组层序如下：

上覆地层：上中新统灯楼角组（N_1d）灰绿色中砂层

——————整　　合——————

中中新统 角尾组（N_1j） 厚56.5m

1. 青灰色、灰褐色黏土。含蕨类孢子主要有 *Polypodiisporites*、*Polypodiaceaesporites*；裸子花粉主要有 *Dacrydiumites*、*Abietineaepollenites*、*Pinuspollenites*、*Tsugaepollenites*、*Taxodiacepollenites*；被子花粉主要有 *Caryapollenites*、*Graminiidites*、*Compositioipllenites*、*Crucpositiopollenites* 31.6m
2. 青灰色粉砂 10.8m
3. 灰绿色粉砂质黏土。含蕨类孢子主要有 *Polypodiisporites*、*Polypodiaceaesporites*、*Polypodiaceoisporits*、*Crassoretitriletes*；裸子花粉主要有 *Dacrydiumites*、*Abietineaepollenites*、*Pinuspollenites*；被子花粉主要有 *Caryapollenites*、*Graminiidites*、*Potamogetoncites*、*Compositioipllenites*、*Liliacidites*、*Crucifeiaepites* 3.1m
4. 青灰色粉砂 11.0m

~~~~~~~~角度不整合~~~~~~~~

下伏地层：石炭系—二叠系石英岩

（2）岩性及组合特征

区内角尾组主要隐伏于盆地中。岩石特征以松散碎屑为主，局部呈半成岩状，岩性以灰褐色、灰绿色粉砂夹黏土为主，局部间夹灰绿色薄—中层状粗、中砂层，碎屑成分以石英为主，见有少量的石英片岩岩屑，含少量海绿石。角尾组底部以灰白色、灰绿色粗砂、砾砂与下伏下洋组粉砂、粉砂质黏土呈整合接触或与下伏石炭系—二叠系灰白色不等粒石英岩呈角度不整合接触，顶部以粉砂与上覆灯楼角组中细砂呈整合接触。

3. 年龄与古生物特征

角尾组中孢粉组合以 *Polypodiisporites usmensis*-*Florschuetzia* cf. *levipoli*-*Fonestrites spinosus*-*Causuarinidites cainozoicus* 组合为代表，其中被子植物花粉含量为52%~88%，主要分子与下洋组相似，但出现了 *Florschuetzia levipoli*、*Fonestrites spinosus*、*Causuarinidites cainozoicus* 等新类型。孙湘君等（1981）认为其时代为中中新世。
~~~~~~~~

有孔虫据汪品先等（1981）研究，以 *Globorotalia siakensis-Orbulina suturalis* 组合为特征，其中 *G. praemenardii* 仅限于中中新世。

综上所述，角尾组的时代应为中中新世。

4. 沉积环境

岩性组合和化石特征显示，角尾组继承了下洋组的浅海陆棚沉积环境，但水体稍变深，泥质成分增加，可进一步划分为滨外陆棚和过渡带。滨外陆棚主要沉积粉砂质黏土、黏土质粉砂、黏土及细砂等粒度较细的沉积物；滨外陆棚与滨岸带之间的过渡带主要沉积中砂等粒度较粗的沉积物。

5. 鉴定标志

（1）标志层划分

该组以灰褐色、灰绿色泥岩、泥质粉砂岩作为地层划分的标志层（图 3-5）。

图 3-5　JDSK14 钻孔角尾组灰红色泥岩照片

（2）区分标志

角尾组与下洋组的区别：角尾组沉积物粒度整体上比下洋组细，且岩石固结程度较低，呈半成岩状，而下洋组沉积物较为固结，基本成岩。

角尾组与灯楼角组的区别：①灯楼角组沉积物颜色基本为灰绿色、绿色；而角尾组沉积物颜色除了灰绿色外，还出现了灰褐色、灰红色的泥岩层，代表角尾组与灯楼角组沉积物物源的差异性。②角尾组沉积物呈弱固结状，灯楼角组沉积物基本呈松散状。

（三）灯楼角组（N_1d）

灯楼角组系中国石油公司南海分公司（1978）以徐闻竹山徐浅 1 井 304.5～532.5m 井段命名。海南省内参考剖面为琼北福山盆地福 1 井（茂名石油公司地质处，1975）和海口市长流地区 Zk16 钻孔（海南地质大队，1976）。指位于角尾组与海口组之间的较粗的碎屑岩，以松散状为主，局部半成岩。底部以含砾砂岩为标志与下伏角尾组呈整合接触，顶部与海口组含贝壳砂砾与砂砾岩呈整合接触。

1. 空间分布

海口江东新区未见灯楼角组直接出露，主要呈隐伏状分布。

灯楼角组在演丰一带总体层位较浅，沉积物粒度较粗。以 JDSK18 钻孔为例，灯楼角组见于 75.5～148.35m 段，厚 72.85m，主体岩性为浅灰、灰绿色含砾粗砂、砂砾、中粗砂夹灰绿色粉砂质黏土或粉砂。

灯楼角组在云龙地区层位也较浅，岩层厚度较薄，沉积物粒度整体上比演丰地区的细。以 JD-

SK14 钻孔为例，该孔中灯楼角组见于 83.4~124.6m 段，厚 41.2m，主体岩性为浅灰绿、灰绿色中砂夹灰绿色、青灰色粉砂，上部为灰、灰绿色、青灰色粉砂夹灰绿色黏土。

从灯楼角组等厚图可以看出（图 3-6），三江镇北部一带埋深 60~100m；桂林洋经济开发区—起步区南部界线一带埋深 60~170m；灵山镇—美兰机场以及灵山镇—铺前大桥一带埋深 90~150m；江东新区北部沿海一带埋深大于 150m。

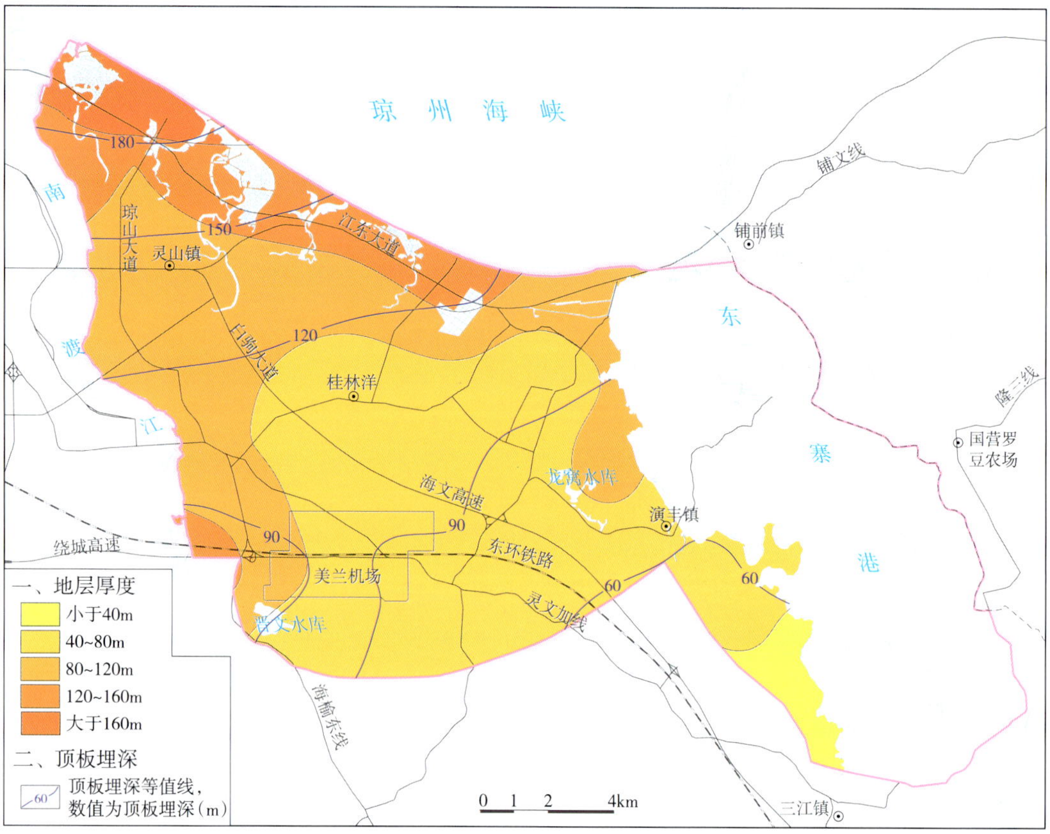

图 3-6　江东新区灯楼角组空间分布图

2. 岩性特征

（1）典型钻孔剖面

江东新区灯楼角组代表性剖面 JDSK14 钻孔位于云龙镇北戏村，坐标 *X*：2202012.532；*Y*：445142.46，为 200m 水文地质钻孔，JDSK14 钻孔岩性见图 3-7。

（2）岩性及组合特征

根据钻孔资料，灯楼角组岩石特征以松散碎屑为主，局部为半成岩状，中下部为灰色、灰黄色、灰绿色粉砂、中砂岩夹灰绿色、绿色粉砂质黏土；顶部为青灰色、灰绿色黏土。富含海绿石，局部砂层可见生物碎屑。JDSK14 钻孔灯楼角组底部以灰黄色粉砂质黏土与角尾组顶部灰绿色黏土呈整合接触，顶部以灰绿色含粉砂质黏土与上覆海口组灰黄色贝壳屑砂砾岩呈整合接触。

3. 年龄与古生物特征

据本次取样测试，起步区 JDSK12 钻孔孔深 154.5~199.6m 井段灯楼角组中可识别出 3 个孢粉组合带，分别为 *Castanopsis-Dicolpopollis-Liquidambar* 组合带、*Dicolpopollis-Quercus-Polypodiaceae* 组合带和 *Pinus-Quercus-Polypodiaceae* 组合带，3 种孢粉组合带共同特征是：①以被子植物花粉为主，尤其是阔叶类植物花粉，如双沟粉属、枫香粉属、杨梅粉属、壳斗科花粉含量较高，以及出现一定数量的光极弗氏粉和南方弗氏粉；②蕨类植物孢子中以水龙骨科单缝孢子为主。上述 3 个孢粉组合

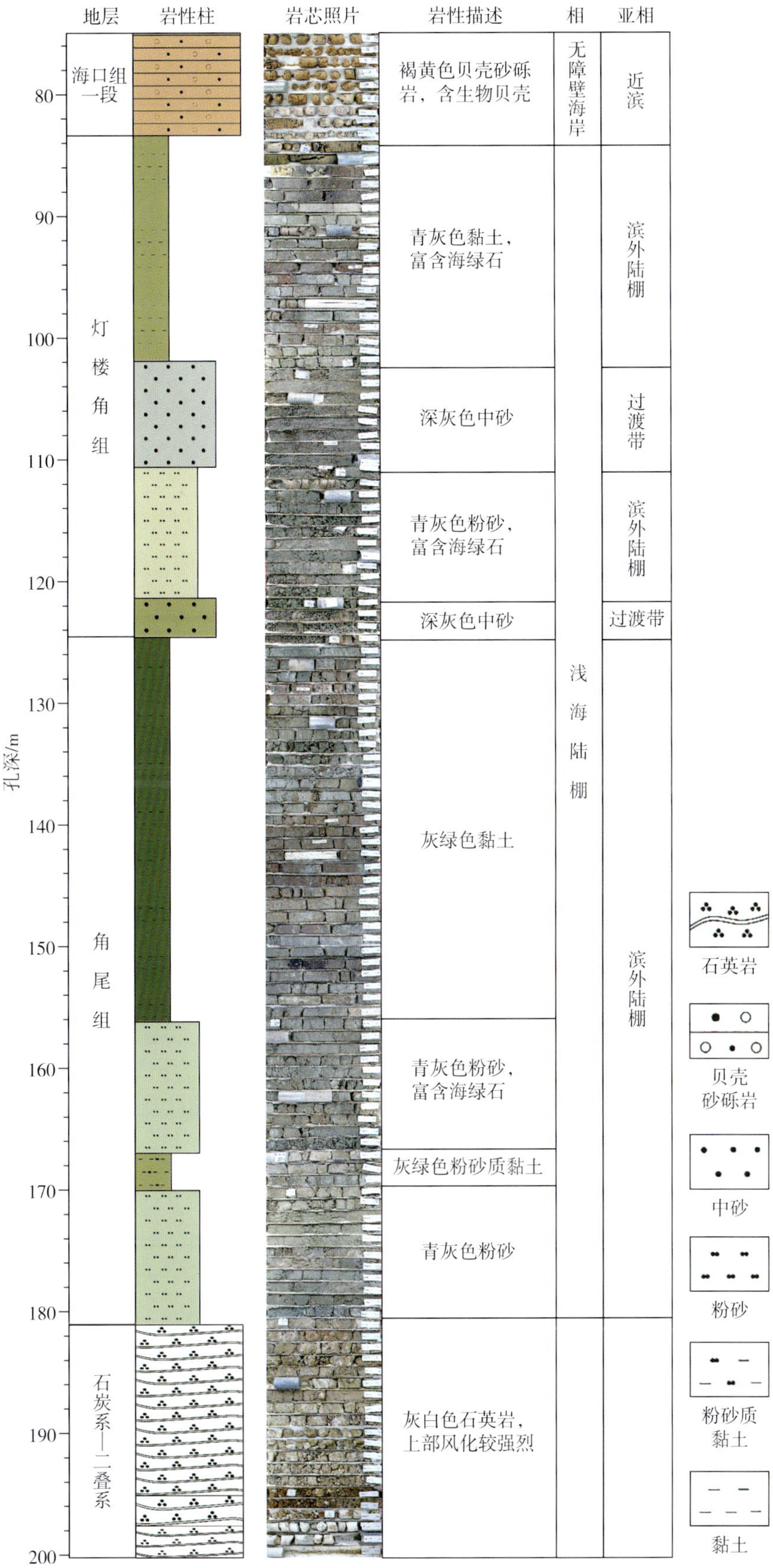

图 3-7　海口市北戏村 JDSK14 钻孔综合柱状图

与前人建立的珠江口坳陷韩江组上部、北部湾坳陷以及雷琼地区灯楼角组的孢粉组合可以对比，它们应属于同一沉积时期产物。另外，上述3个孢粉组合出现具有时代意义的光极弗氏粉，Morley（1977）研究东南亚西部的弗氏粉分布时，建立了弗氏粉这一属的分带地层序列，下部为渐新统三瓣弗氏粉带，中部为下中新统—中中新统中下部光极弗氏粉带，上部为中中新统上部—上中新统的南方弗氏粉带。通过与邻区孢粉组合对比以及组合中关键分子的出现，将上述3个孢粉组合代表的地质时代定为中中新世晚期—晚中新世。

据收集资料，在海口该组产有孔虫 *Globigerina bulloides*，*G. caliclaplummer*，*Globigerinoides immuturus*，*G. triloba*，*G. sinensis*，*Hanzawaice manlaensis*，*Flurinus costiferus*，*Quinqueloculina* sp.；介形虫 *Loxoconcha*，*Trachyleberis*，*Aurila*，*Bairdia*，*Callistocythere* 以及鲨鱼牙齿 *Carcharinidae* 及孢粉等，具有时代意义的是有孔虫，时代为中新世。

此外，灯楼角组整合覆盖在中中新统角尾组之上，又与上覆上新统海口组呈整合接触，因此，将灯楼角组的地质时代划归晚中新世。

4. 沉积环境

灯楼角组岩性以粉砂质黏土、黏土质粉砂和粉、细砂等细粒沉积为主，富含海绿石，且发现有大量的有孔虫、介形虫等海相生物化石，说明该段为水体平静的浅海陆棚环境；演丰和美兰机场一带灯楼角组粉砂质黏土中出现了较多的砾砂、粗砂等粗碎屑沉积，并且该地区JDSK14钻孔在约190m处打到底部基岩，说明当时演丰和美兰机场一带位于盆地边缘，海进时，属于水动力较平静的陆棚浅海环境；海退时，属于水动力较强的滨岸环境。

5. 鉴定标志

（1）标志层划分

灯楼角组以灰绿色黏土、黏土质粉砂作为地层划分的标志层（图3-8）。

图3-8　JDSK53钻孔灯楼角组标志层岩性照片

（2）区分标志

角尾组与灯楼角组的区别：①灯楼角组与角尾组都含有灰绿色黏土层，两者不易区分。但是，灯楼角组沉积物颜色基本为灰绿色、绿色；而角尾组沉积物颜色除了灰绿色外，还出现了灰褐色、灰红色的泥岩层。②角尾组沉积物呈半成岩状，而灯楼角组沉积物基本呈松散状。

灯楼角组与海口组的区别：①灯楼角组沉积物因其中含有大量的海绿石而呈灰绿色—绿色；而海口组的沉积物一般为灰黑色、灰黄色。②海口组一、三段含有大量的海洋生物化石，而灯楼角组中的化石含量较少。

（四）海口组（N_2h）

海口组系海南地质大队在海口市长流地区进行供水水文地质勘查时创名，杨基广等（1977）介绍，未指层型剖面。代表性剖面为长流 Zk18 钻孔 19. 83～202. 61m 井段。

1. 空间分布

海口组未见直接出露，主要呈隐伏状分布。该组在美兰镇—演丰镇以南埋深一般 10～20m；灵山镇—沙上港一带埋深大于 20m。

海口组一段在演丰镇—美兰村一带总体层位较浅，以 JDSK17 钻孔为例，海口组一段贝壳砂砾岩出现于孔深 16. 8m 处，与下伏地层灯楼角组灰色含粉砂质黏土接触界线位于 55. 1m 处。往西北方向，海口组一段贝壳砂砾岩的厚度逐渐增厚，埋深不断加大，位于东营地区的 JDSK1 钻孔中，海口组一段出现深度为 152m，比美兰村一带的海口组一段埋深增加了近 100m。

海口组二段在云龙和演丰镇一带埋深较浅，厚度较小，云龙镇一带 JDSK14 钻孔海口组二段厚度为 13. 7m，见于孔深 43. 1～56. 8m 处；演丰镇一带 JDSK18 钻孔海口组二段厚度为 11. 33m，见于孔深 47. 53～36. 2m 处。东营镇西部 JDSK1 钻孔海口组二段厚度为 100m，见于孔深 57～157m 处。由东南往西北方向，海口组二段沉积厚度不断加大，说明当时东营镇一带更靠近海口组二段的沉积中心。

海口组三段贝壳碎屑岩的沉积厚度并没有如海口组一、二段一般，表现出由东南往西北沉积厚度不断加大的规律，其沉积厚度在连井剖面图上表现为锯齿状（图 3-9）：云龙镇（JDSK14 钻孔）一带至美兰机场北部（JDSK4 钻孔），海口组三段贝壳碎屑岩沉积厚度不断加大，至大冯昌村（JDGK40 钻孔）一带，厚度逐渐减薄，在渡头村一带（JDSK38 钻孔），海口组三段贝壳碎屑岩厚度达到最大，之后，往西北方向，厚度越来越小。海口组三段贝壳碎屑岩沉积厚度在横向上表现出的不规律性，可能与当时间断性的海退环境有关。

从连井剖面图可以看出（见图 3-9），桂林洋—美兰机场一带未见海口组四段沉积，仅在云龙镇附近的 JDSK14 钻孔中见厚约 50cm 海口组四段灰黑色粉砂质黏土。自桂林洋至沙上港，钻孔中开始连续出现海口组四段灰色粉砂质黏土或黏土，其沉积厚度在空间上展现出两端厚中间薄的形态特征，具体表现为：桂林洋至渡头村段（钻孔 JDSK42～JDGK34）和东营镇至沙上港段（钻孔 JDSK34～JDGK3）海口组四段沉积厚度较大，而渡头村至东营镇段（钻孔 JDGK34～JDSK34）海口组四段沉积厚度最小。其中，桂林洋至渡头村段（钻孔 JDSK42～JDGK34）最大沉积厚度见于钻孔 JDGK40，约为 25m，而与之相邻的钻孔 JDGK34 中海口组四段厚度仅为 3. 1m。东营镇至沙上港段（钻孔 JDSK34～JDGK3）海口组四段的沉积厚度较大，沉积物粒度更细，基本为灰黑色黏土，说明海口组四段的沉积中心位于沙上港西北方向。另外，海口组四段的厚度还与后期的剥蚀有关。

2. 岩性特征

（1）典型钻孔剖面

江东新区海口组代表性剖面为美兰机场南偏西方向 2km 的 JDSK13 钻孔，坐标 *X*：2203667. 132；*Y*：441578. 154。该钻孔进尺为 200m，20. 75～99. 4m 段为上新统海口组，层位发育齐全，海口组顶部与上覆下更新统秀英组呈平行不整合接触，底部与下伏灯楼角组呈整合接触。JDSK13 钻孔岩性自上而下见图 3-10。

（2）岩性及组合特征

海口江东新区上新统海口组一段岩性为黄褐色、灰黄色（含）贝壳砂砾岩夹黄褐色、灰黄色含贝壳砾岩、粗砂岩，偶夹灰、灰黑色粉砂或粉砂质黏土，含有孔虫、双壳类等化石；海口组二段岩性以灰、灰黑色（含生物碎屑）黏土或（含生物碎屑）粉砂质黏土为主，普遍夹浅灰黑色含贝

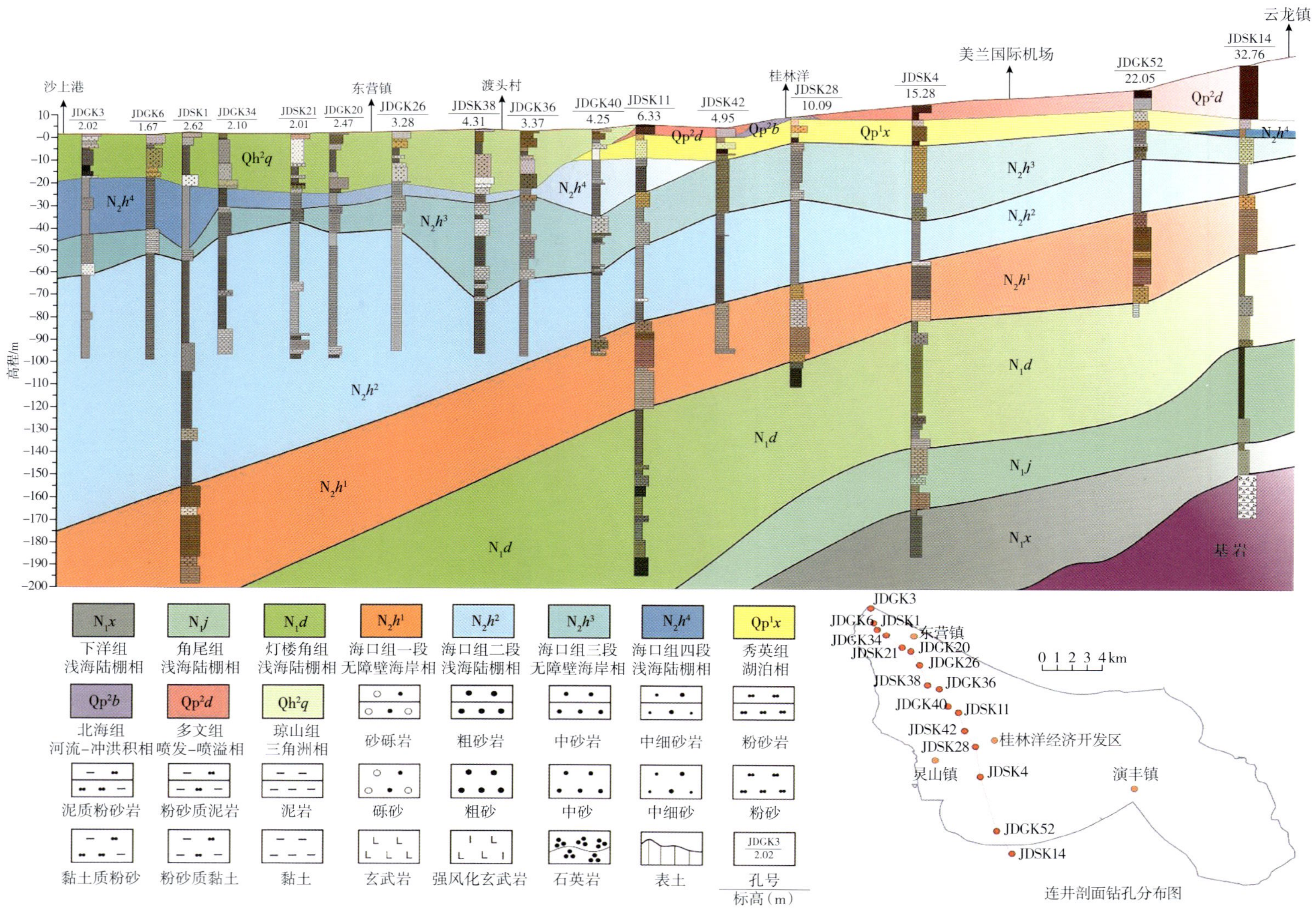

图 3-9　江东新区钻孔剖面图

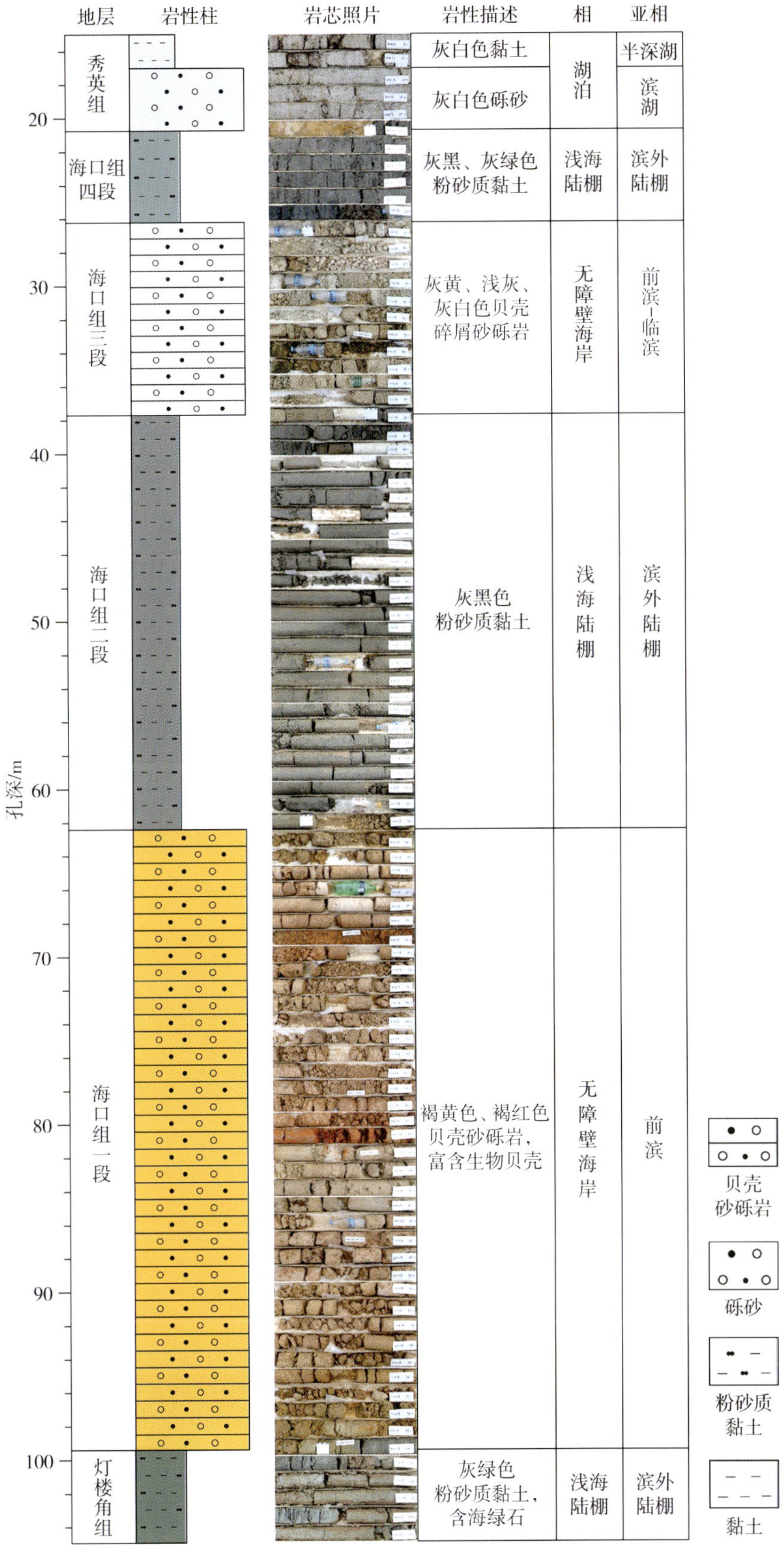

图 3-10　江东新区晋文村 JDSK13 钻孔综合柱状图

壳碎屑泥质砂岩、砂质泥岩等。海口组三段岩性以灰白、灰色生物碎屑砂岩、含生物碎屑黏土质砂为主，偶夹灰色含生物碎屑粉砂质黏土。海口组四段岩性主要为浅灰、灰色粉砂质黏土、黏土，含海绿石，呈硬塑状，具水平层理，偶夹生物碎屑砂岩。海口组顶部以硬塑状薄层灰色黏土与上覆秀英组砂砾层呈平行不整合接触，底部以含贝壳砂砾岩与下伏灯楼角组分界。

3. 年龄与古生物特征

起步区 JDSK12 钻孔孔深 41.5~115.3m 井段海口组中可识别出 3 个孢粉组合带，分别为 *Polypodiaceae–Castanea–Graminae* 组合、*Pinus–Gramineae–Castanea* 组合和 *Polypodiaceae–Quercus–Graminae* 组合。3 个孢粉组合同特点：①均出现较多草本植物花粉，如禾本科、藜科和菊科；②蕨类植物孢子中主要是水龙骨科单缝孢类；③出现一定数量的海桑科和红树科花粉。这些特点充分体现我国东南沿海新近纪上新世孢粉组合特征。依据第六孢粉组合存在降温事件，结合地层接触关系，将上述 3 个孢粉组合的地质时代暂定中—晚上新世为宜。

JDSK12 钻孔孔深 30.5~68.5m 井段海口组一、二段中发现大量大型底栖有孔虫，优势分子为 *Pseudotrotalia yabei*，*Amphisterina radiata*，*Operculina complanata* 等种，其次为 *Heterolepa dutemplei*，*Ammonia*，*Elphidium* 等。浮游类型主要为表层种，包括 *Globigerina*，*Globigerinoides*，Orbulina 等属的分子，如 *Globigerinoides extremus*，*G. obliquus*，*G. sacculifer* 等，另外 *Globorotalia plesiotumida*，*G. Merotumida*，*Globorotalia* sp. 等也有少量出现。在南海北部地区，*G. plesiotumida*，*G. merotumida* 的出现时限为浮游有孔虫带 N17~N19 和 N16~N18，相当于晚中新世—早上新世，*G. plesiotumida* 在本钻孔中最后出现位置为 36.5m，因此本段下部时代可暂定为早上新世，上部时代为中上新世—晚上新世。综上所述，海口组时代为上新世。

4. 沉积环境

海口组一段含大量生物化石，说明该时期水体较浅，阳光充足，气候温暖，水生动植物繁育；而该段沉积物粒度较粗代表着当时的沉积环境为水体动荡，水动力条件比较强劲的无障壁海岸环境，沉积亚相为前滨环境（见图 3-10）。

海口组二段沉积物粒度总体较细，反映当时沉积环境应为水动力条件弱，水体较深，受海浪影响微弱的浅海陆棚环境，细分到亚相应为滨外陆棚相。在岩性上，海口组一段贝壳砂砾岩直接过渡为海口组二段粉砂质泥岩，而不是由贝壳砂砾岩—粗砂岩向中细砂岩—粉砂质泥岩渐变过渡组成，二者间岩相上的快速转变应该代表着一次沉积环境上的快速突变。海口组一段和海口组二段之间的转换期可能伴随着一次全球变暖事件，导致海平面的快速上升；抑或者是一次盆地持续沉降事件，导致盆地的可容纳空间增加。结合琼北地层区的大地构造背景，海口组二段沉积期初期盆地快速沉降更能合理解释海口组一段与二段之间的岩性、岩相突变问题。

海口组三段岩性以富含化石的砂岩为主。结合沉积物的粒度特征以及生物化石组成，说明该时期水体较浅，阳光充足，气候温暖，水生动植物繁育，水动力条件较强，因此海口组三段的沉积环境为无障壁海岸环境，沉积亚相为前滨—临滨环境。

海口组四段沉积物颜色为灰色、灰绿色、灰黑色，代表着海相还原环境，并且该段沉积物粒度细，黏土含量高，发育平行层理，说明当时沉积环境应该为水动力环境弱，水体较深的浅海陆棚环境，沉积亚相为滨外陆棚环境。

5. 鉴定标志

（1）标志层划分

海口组一段以黄褐色、灰黄色贝壳砂砾岩作为地层划分的标志层（图 3-11）。

海口组二段以灰黑色含生物碎屑黏土（粉砂质黏土，局部半成岩）作为地层划分的标志层（图 3-12）。

海口组三段以灰、灰白色生物碎屑砂砾岩、中粗砂岩作为地层划分的标志层（图 3-13）。该层

图 3-11　JDSK53 钻孔海口组一段贝壳砂砾岩照片

图 3-12　JDGK30 钻孔海口组二段灰黑色含生物碎屑黏土照片

图 3-13　JDSK13 钻孔海口组三段贝壳碎屑砂岩照片

生物贝壳不完整，基本以生物碎屑形式产出。

海口组四段以灰、灰黑色黏土（粉砂质黏土）作为地层划分的标志层，该层沉积物普遍发育平行层理（图 3-14，图 3-15）。

（2）区分标志

海口组一段和三段的区分标志有以下两点：①海口组一段生物贝壳保存较完整，而海口组三段生物化石主要以生物碎屑的形式产出。②海口组一段岩性粒度较粗，含大量卵砾石，沉积物分选性较差，岩石胶结程度高；海口组三段沉积物粒度以砂砾岩、粗砂岩为主，基本不含或含少量卵砾

图 3-14　JDGK120 钻孔海口组四段灰黑色黏土照片

图 3-15　海口组四段地表露头岩性照片

石，岩石致密程度比海口组一段的低。

海口组二段和四段在岩性上不易区分，区分标志有以下两点：①海口组二段生物碎屑含量较高，海口组四段基本不含生物碎屑；②海口组二段沉积物胶结程度为弱胶结—中等胶结，沉积物较致密；而海口组四段基本为松散沉积物。

同时，还可根据岩石的上、下接触关系来判定层位。比如海口组四段顶部和秀英组黏土呈平行不整合接触，海口组二段顶部与海口组三段贝壳碎屑砂岩呈整合接触。

三、第四系

海南岛第四系属于华南地层大区中南-东南地层区，江东新区隶属于雷琼地层分区中的海口地层小区。本次根据岩性特征、层序关系、年龄数据等，采用《海南省岩石地层》（陈哲培，1997）的划分方案，将海口江东新区第四系自下往上分别划分为下更新统秀英组（Qp^1x）、中更新统北海组（Qp^2b）和多文组（Qp^2d）、全新统琼山组（Qh^2q）和烟墩组（Qh^3y）以及近代冲积物（Qh）。

（一）秀英组（Qp^1x）

秀英组系海南地质大队（1977）于海口市秀英一带创建，陈哲培等（1997）介绍。代表性剖面为秀英医院北西 29°方向约 900m 处冲沟剖面，岩性以灰、青灰色页状黏土层或亚黏土层为主，次为浅灰白色砂层、砂砾层、砾石层，局部夹 1 层基性火山岩。

1. 空间分布

江东新区秀英组分布范围广，发育多个沉积中心，大的沉降中心可归纳为3个，分别位于云龙镇—演丰镇一带、灵山镇—桂林洋经济开发区一带、抱历溪—福创港一带，大的沉降中心包含多个次级沉降中心。秀英组埋深介于8~34m之间（图3-16），沉积分布特征表现为：

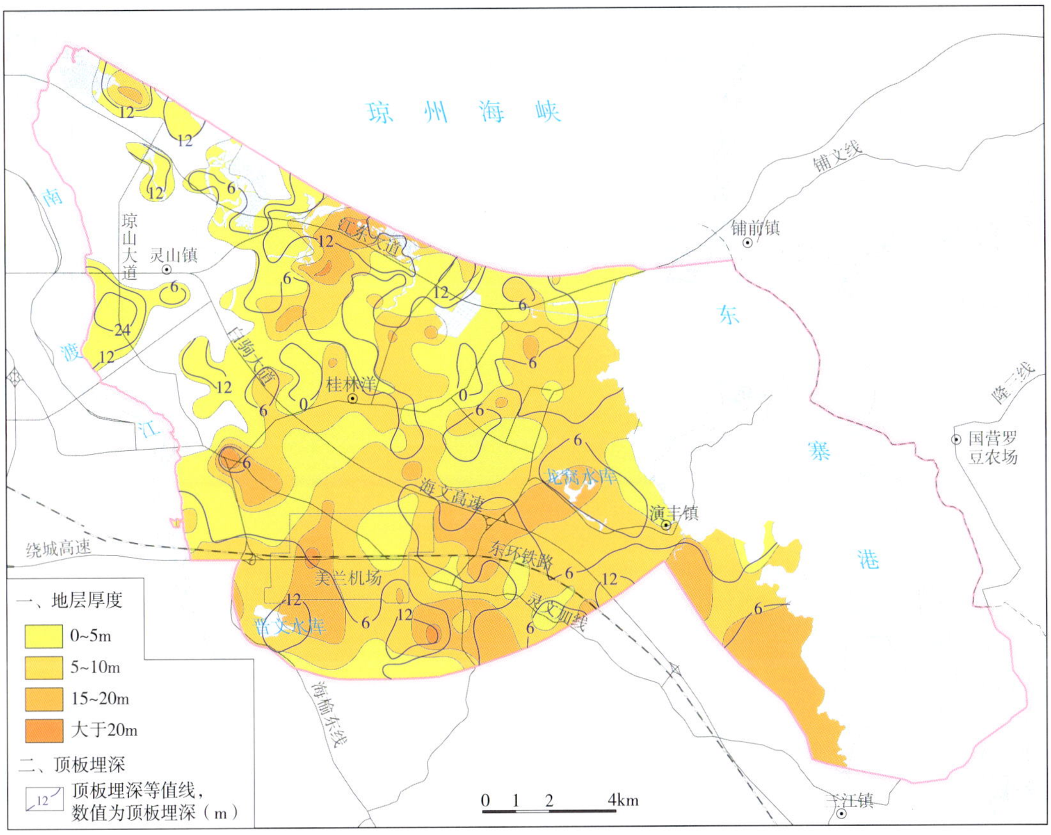

图3-16 江东新区秀英组空间分布图

1）在演丰镇—云龙镇一带，秀英组沉积厚度中等，厚10~20m，侧向延展性较好，呈透镜体状分布于盆地中，局部地区缺失秀英组，这可能与早更新世湖盆的大小与分布范围有关，也可能与受到后期冲刷侵蚀有关。

2）在灵山镇以及起步区一带，秀英组沉积厚度达到最大，厚约20m。

3）在道户村—东营镇一带，普遍缺失秀英组，琼山组底部的砂砾层直接与海口组四段灰黑色黏土呈平行不整合接触。

2. 岩性特征

（1）典型钻孔剖面

江东新区秀英组代表性剖面JDGK107钻孔位于历上村内，钻孔坐标 X：2214617.409；Y：443106.024，孔口高程12.588m，孔深100m，该钻孔秀英组地层沉积厚度大，发育两期韵律旋回。JDGK107钻孔岩性情况见图3-17。

（2）岩性及组合特征

江东新区地表未见秀英组直接出露，主要为隐伏分布。根据钻孔资料，秀英组由1~2个韵律组成，上部岩性以杂色黏土层，灰白色、杂色粉砂质黏土层，红褐色黏土层为主，具透镜状层理或平行层理，该层黏土之下往往有白色、灰白色、灰黄色含砾中粗砂层、含砾粗中砂层；下部岩性以红褐色、黄褐色、杂色粉砂质黏土层、含粉砂质黏土层、黏土质粉砂层，青灰色黏土夹粉砂层为主；底部为黄褐色、灰黄色含砾含黏土质中粗砂层、粗中砂层。秀英组顶部以杂色黏土与上覆北海组含砾含黏土质砂层呈平行不整合接触，演丰镇—云龙镇一带被多文组火山岩覆盖。底部以灰白色、灰黄色含砾中粗砂或者青灰色、杂色含粉砂质黏土、黏土与下伏海口组页状黏土呈平行不整合接触，在演丰—美兰国际机场一带的钻孔中，秀英组底部以黑、灰褐色砂质黏土层与下伏海口组四段页状黏土或者海口组三段贝壳碎屑砂岩接触。

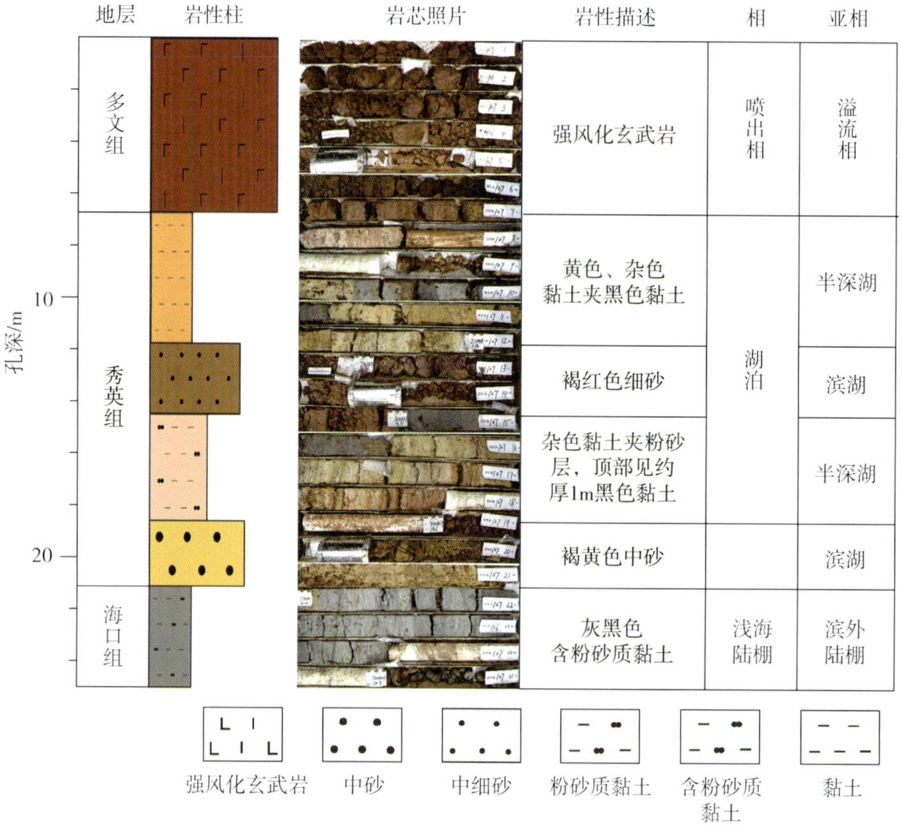

图 3-17　江东新区历上村 JDGK107 钻孔综合柱状图

3. 年龄与古生物特征

刘瑞华等（1986）在东方市八所镇东方砖瓦厂和海口市秀英砖瓦厂秀英组和八所组中采集 13 个古地磁样品，结果表明，杂色黏土层之上沉积物的极性属布容正极性世，以下属松山负极性世，二者的界面为距今 73 万年，因此秀英组的时代为早更新世。

区内秀英组未发现化石，但岩性特征基本上可与海南岛各区的秀英组对比，且其下伏于中更新统北海组之下而上覆于上新统海口组之上，结合前人测年数据结果，将江东新区秀英组时代归于早更新世。

4. 沉积环境

海口组与秀英组沉积物粒度、颜色的突变，代表着上新世与早更新世相交，区域沉积环境发生转变。秀英组沉积物颜色普遍呈黄色、白色，代表其形成于陆相氧化环境，不同于海口组灰黑色黏土的还原环境。并且秀英组沉积物粒度较细，普遍为黏土或者粉砂质黏土，发育平行层理，说明其沉积时的水动力较弱，为深水环境。综上推断，秀英组沉积环境应该为陆相湖泊环境。

由海口组海相沉积环境突变为陆相湖泊环境，可能与当时地形的构造隆升或海平面下降有关。早更新世海平面下降或者构造隆升，导致早先海水覆盖的浅海转变为海陆交互带的三角洲环境，地势较低的地区形成湖泊。湖泊湖水较浅时，在滨湖带沉积了粒度较粗的砾砂层、粗中砂层。随着地表径流、大气降水等方式对湖泊水进行补充，湖盆面积不断扩大，湖盆可容纳空间提高，原有的滨湖区转变为半深湖—深湖区并开始接受细粒的粉砂、黏土沉积。同理，在枯水季或者蒸发量较大的时节，湖水较少，可容纳空间降低，原先的半深湖—深湖区渐变为滨湖区，河水输送的粗粒沉积物在滨湖区沉积下来，覆盖于之前的黏土之上。完整的粗粒—细粒—粗粒沉积旋回，代表了区内早更新世沉积环境由滨湖向半深湖至滨湖的发展变化。

5. 鉴定标志

(1) 标志层划分

秀英组以杂色黏土作为地层划分的标志层（图 3-18，图 3-19）。

秀英组杂色黏土，发育平行层理

图 3-18　JDSK45-1 钻孔秀英组杂色黏土（23~25m）照片

图 3-19　秀英组杂色黏土地表露头岩性照片

(2) 区分标志

不同学者对秀英组下部黄褐色、黑褐色粉砂质黏土的地层划分存在不同意见：一部分专家认为应将其划归为海口组，另一部分专家倾向于将其划归为秀英组。从江东新区钻孔中可以看出，JDSK28 钻孔中的黑、黄褐色砂质黏土层在 19.5m 处与海口组三段贝壳砂岩呈平行不整合接触；JDSK43 钻孔中的黄褐色粉砂质黏土层在 21.4m 处与海口组四段灰黑色黏土呈平行不整合接触。并且该层黏土颜色为偏氧化环境的黄褐色，与海口组四段海相还原环境下沉积的灰色黏土形成截然的对比，代表着该时期的沉积环境发生了转变，再根据两者地层间的接触关系，将该层黄、黑褐色砂质黏土划归为秀英组更为合理（图 3-20）。该层黑褐色砂质黏土未闻到有机质的腐臭味，手搓不污手。同时，在临高县一带的秀英组陡坎底部也发现相似的黑褐色砂质黏土层，并在该层黏土中发现含火山岩碎屑。因此，推测上新世与早更新世之交，琼北地区经历过火山活动。

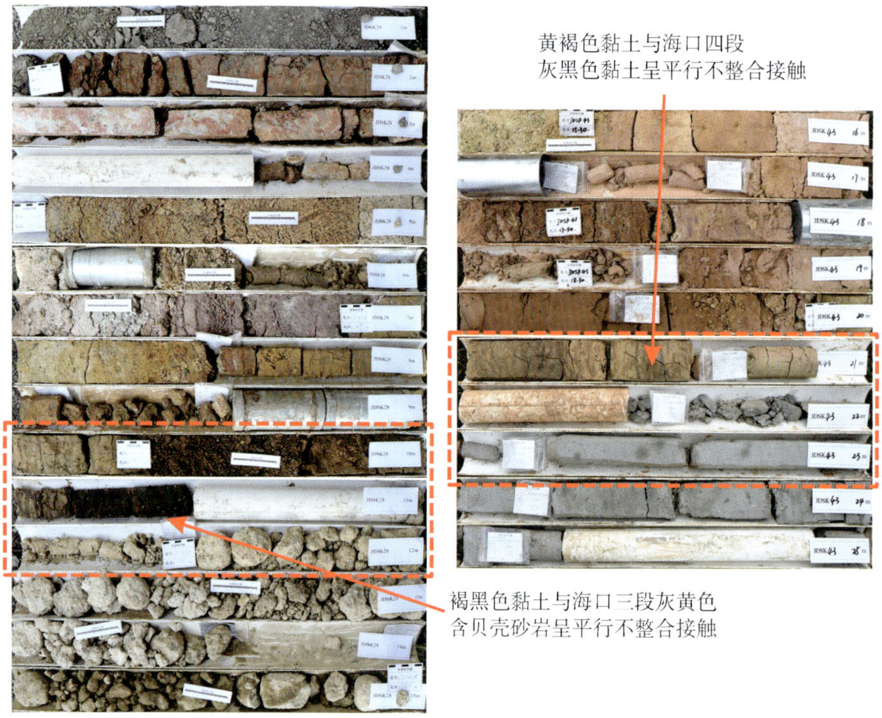

图 3-20 秀英组褐黑色黏土层与海口组接触关系

此外，秀英组底部青灰色黏土夹粉砂层的归属同样存在分歧。通过钻孔岩芯横向对比发现：在JDSK25-1钻孔中，该层青灰色黏土夹粉砂层底部为厚约5m的黄色、黄褐色含砾中粗砂层，该套砂层底部以黄色黏土层与底部海口组灰色粉砂质黏土接触，两套地层在颜色、岩性上的差异，代表着当时的沉积环境发生了改变。在JDSK14钻孔中，该套厚约1m的青灰色黏土夹粉砂层顶部为杂色含粉砂质黏土层，底部与蓝灰色海口组四段黏土层接触（图3-21）。因此，将这套青灰色黏土夹粉砂层划归为秀英组更为合理。不过，江东新区个别钻孔（JDSK12、JDGK140、JDGK191）中的青灰色黏土夹粉砂层与海口组四段灰色、蓝灰色粉砂质黏土呈过渡渐变式接触，两者在岩性、颜色上不易区分，这给江东新区地层划分对比带来了一定的影响。

（二）北海组（Qp^2b）

北海组原称北海系，系邓植仪1934年在广西北海市附近黄屋一带创建，代表广西北海一带的棕黄色砂质土。1978年中国科学院南海海洋研究所修订为北海组，时代为中更新世。该组广泛分布，岩性比较稳定，可分为两个岩性段。上部岩性为橘黄、棕红、褐红色砂质黏土、黏土质砂、含铁质结核；下部为黏质砂、砂砾、砾石层，常含玻璃陨石和铁质结核，偶见不明显的斜层理。砾石成分有石英、脉石英、变质岩、玄武岩（琼北地区）、花岗岩（多见于琼西和琼南）等碎屑，砾石磨圆度差，分选性较差。

1. 空间分布

江东新区北海组厚度不大，厚1~10m，侧向延展性差，呈透镜体状分布（图3-22）。地表上分布较为局限，仅呈狭长带状分布于小燕尾村—灵山镇、桂林洋—林香村一带。小燕尾村—大林村一带的北海组岩性最为典型，且与上、下层位的接触界线明显，易于划分对比。区内北海组得益于上覆多文组玄武岩的喷发不整合覆盖，使之不被后期人工或者自然改造所影响。在云山村—桂林

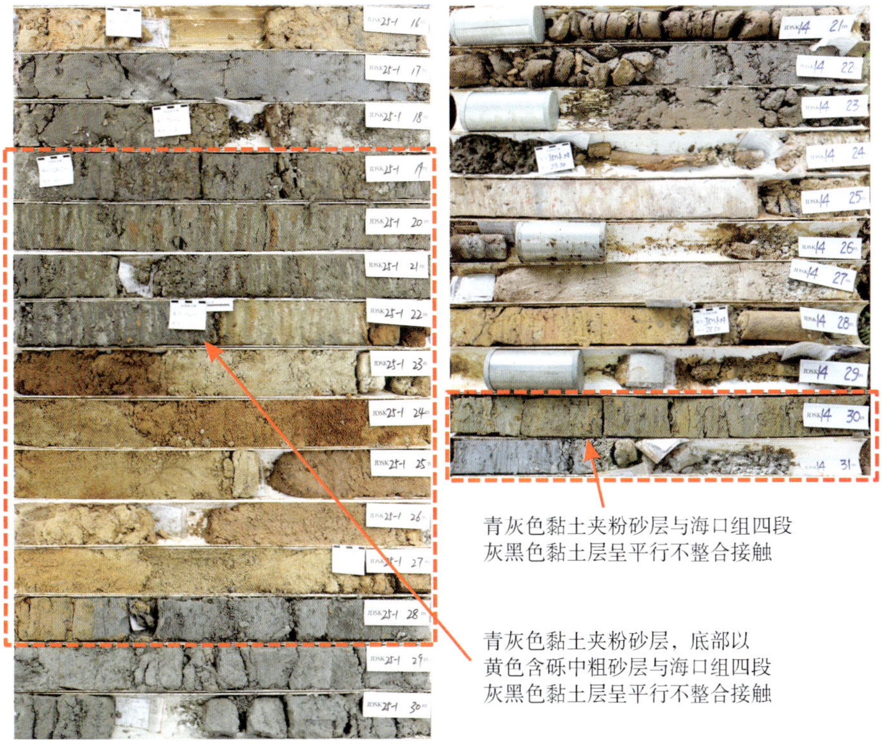

图 3-21　秀英组青灰色黏土夹粉砂层与海口组接触关系

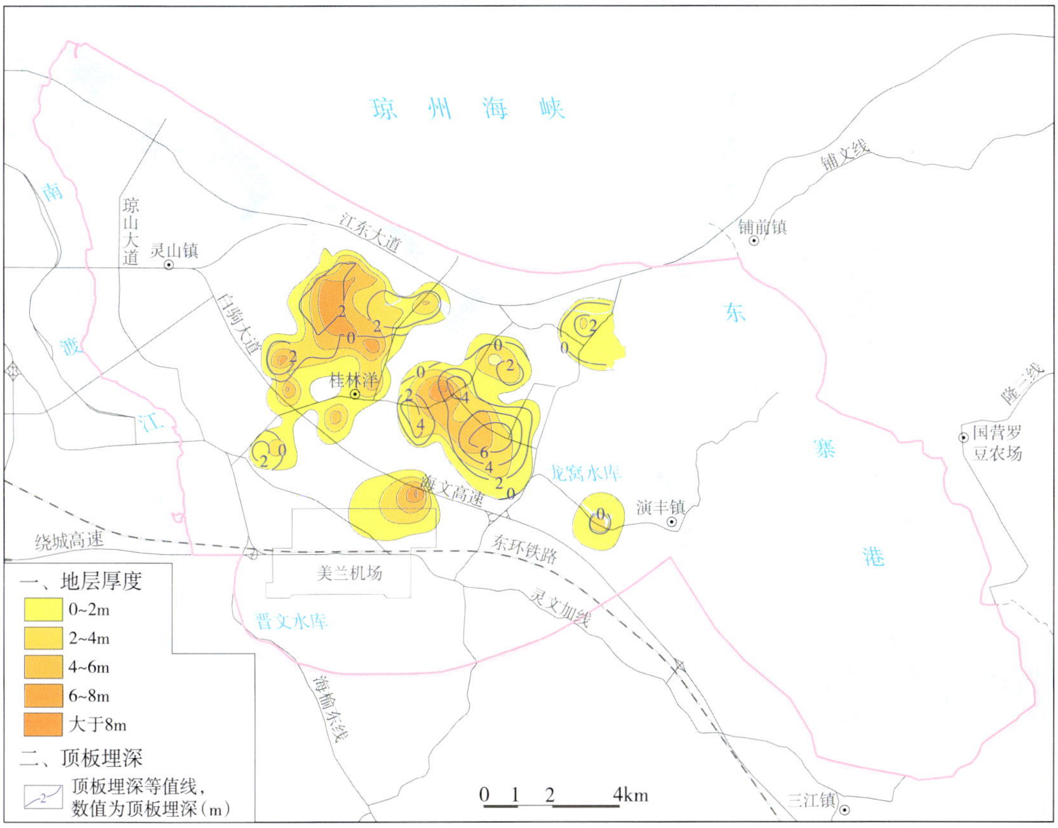

图 3-22　江东新区北海组空间分布图

洋—海南经济技术学院一带，北海组直接出露于地表，并且明显受后期人工改造影响，不易于识别，不过该地区北海组在地势上与相邻的烟墩组存在明显高差，展示出截然不同的地貌特征。因此，通过岩性特征，结合地貌对比，仍可识别出北海组。

2. 岩性特征

（1）典型钻孔剖面

江东新区北海组代表性剖面 JDGK117 钻孔位于小燕尾村西 500m 处，钻孔坐标 *X*：2214537.997；*Y*：443369.54，孔口高程 11.695m，孔深 100.79m，该钻孔北海组岩性典型，与上、下地层接触界线明显。JDGK117 钻孔岩性情况见图 3-23。

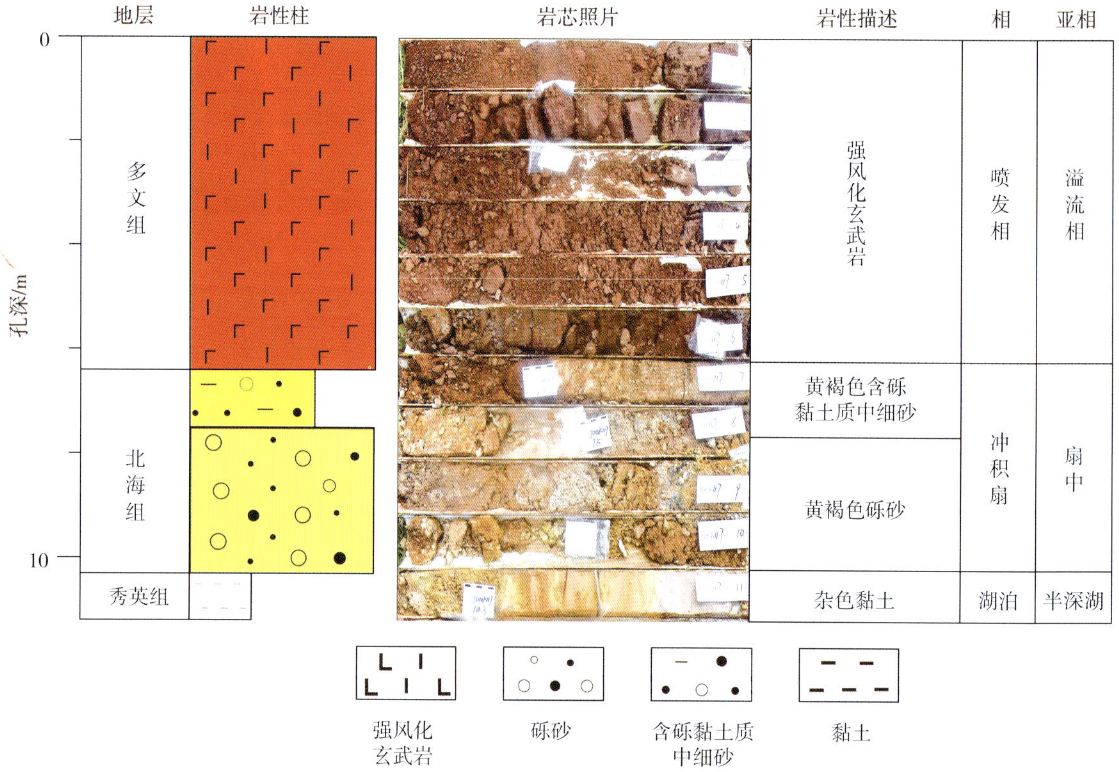

图 3-23　江东新区小燕尾村 JDGK117 钻孔综合柱状图

（2）岩性及组合特征

江东新区北海组厚度薄，出露面积小，岩性组合单一，局限分布于小燕尾村—灵山镇、桂林洋—林香村一带，呈狭长带状分布于地表。该地区北海组可分为上、下两个岩性段：下部以黄褐色砾砂、含砾含黏土质中粗砂为主，未发现铁质结核等特征性矿物；上部以黄褐色、红褐色含砾、含黏土中细砂或者细中砂为主。沉积物中包含不同粒度的砂土，分选性较差；并且砾石、粗砂等粗粒矿物的磨圆度较差，砾石成分有石英、脉石英、变质岩、玄武岩、花岗岩等碎屑。

北海组底部以黄色砂砾层与秀英组黏土层呈平行不整合接触；顶部以黄褐色含砾黏土质中细砂与上覆地层中更新统多文组呈喷发不整合接触。

在地貌特征上，北海组分布区为山前剥蚀堆积平原区，阶地形态呈波状起伏，部分地段地形平坦，切割程度低，标高一般在 4～13m，局部地段地面切割强烈，阶面多呈平岗低丘状，冲沟、切沟等微地形发育。

3. 年龄与古生物特征

此次的孢粉鉴定未在北海组中找到孢粉化石。1979 年严正等在调查区南部潭牛一带，获得北海组中玻璃陨石的裂变径迹年龄为73.3万年，其年龄值与其他地区所测定的北海组的玻璃陨石裂变径迹年龄基本一致，为中更新世。

前人获得的北海组玻璃陨石样品裂变径迹法测定年龄为（52.7±5.8）万~（76.5±4.3）万年，热释光（TL）法测年结果为（22.7±0.1）万~（29.6±0.1）万年，时代为中更新世。

4. 沉积环境

北海组沉积物中包含不同粒度的砂土，分选性较差，并且砾石、粗砂等粗粒矿物的磨圆度较差。砾石成分有石英、脉石英、变质岩、玄武岩、花岗岩等碎屑，具有混杂堆积的特点。北海组沉积环境属于冲积扇沉积环境，亚相为扇中。北海组底部的砂砾层进一步可划分为辫状河道微相；顶部黄褐色含砾含黏土质砂层可划分为边滩微相，二者构成典型的河流二元结构。

5. 鉴定标志

（1）标志层划分

北海组以底部砂砾层、上部含砾黏土质砂层组合成的二元结构作为标志层（图3-24）。地表调查发现，北海组黄褐色含砾含黏土砂层底部基本可见铁质结核层和砾石层（图3-25，图3-26）。

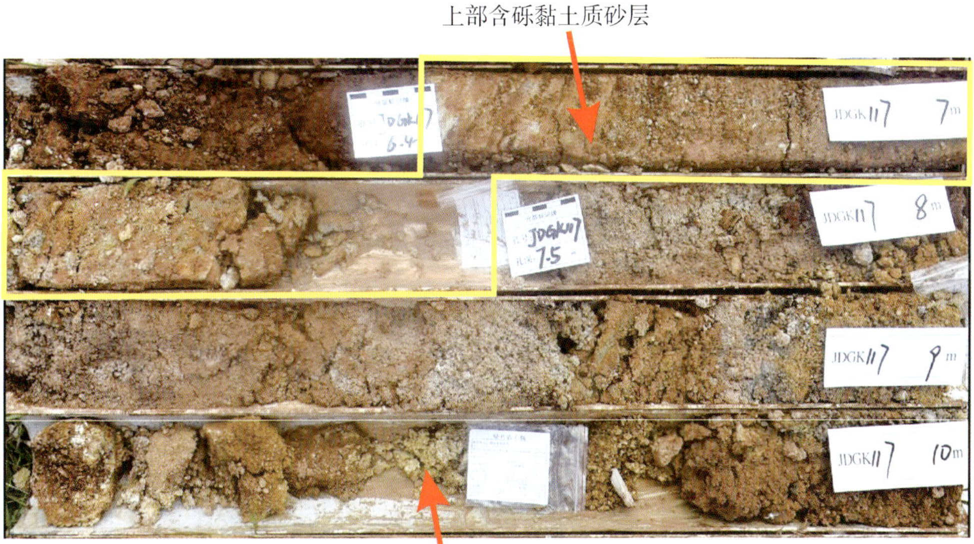

图3-24 北海组二元结构照片

图3-25 北海组铁质结核层露头

图3-26 北海组砾石层露头

（2）区分标志

北海组与秀英组底部都有1层砾石层，两者容易造成混淆。不过北海组底部砾石层含有大量黏土与砂，砾石粒径大小不一，小的砾石粒径为2~5mm，大的砾石可达2~8cm，为泥石流混杂堆积形成；秀英组底部砾石层通常为灰白色，黏土含量少，且砾石粒径差别不大，一般为 3～8mm。另外，北海组的棕红色是标志色，可作为与秀英组的区分标志。

（三）多文组（Qp^2d）

多文组是海南省地质调查院开展“1∶25 万琼海县幅区域地质调查”时创建，临高县多文镇剖面为多文组下段代表性剖面，临高县东英镇剖面为多文组上段代表性剖面，分别代表中更新世多文岭期、东英期形成的一套基性火山熔岩，部分火山口附近见火山碎屑岩。上、下段之间存在喷发间断，表现为二者风化程度及红土化程度存在明显差异，上段风化程度弱，未见红土化现象，下段风化程度强，普遍见红土化现象。

1. 空间分布

江东新区多文组分布面积广，东南起于东寨港，西北至道孟河南部，西南起于云龙镇，东北至塔市村，地表均被多文组玄武岩覆盖（图 3-27）。

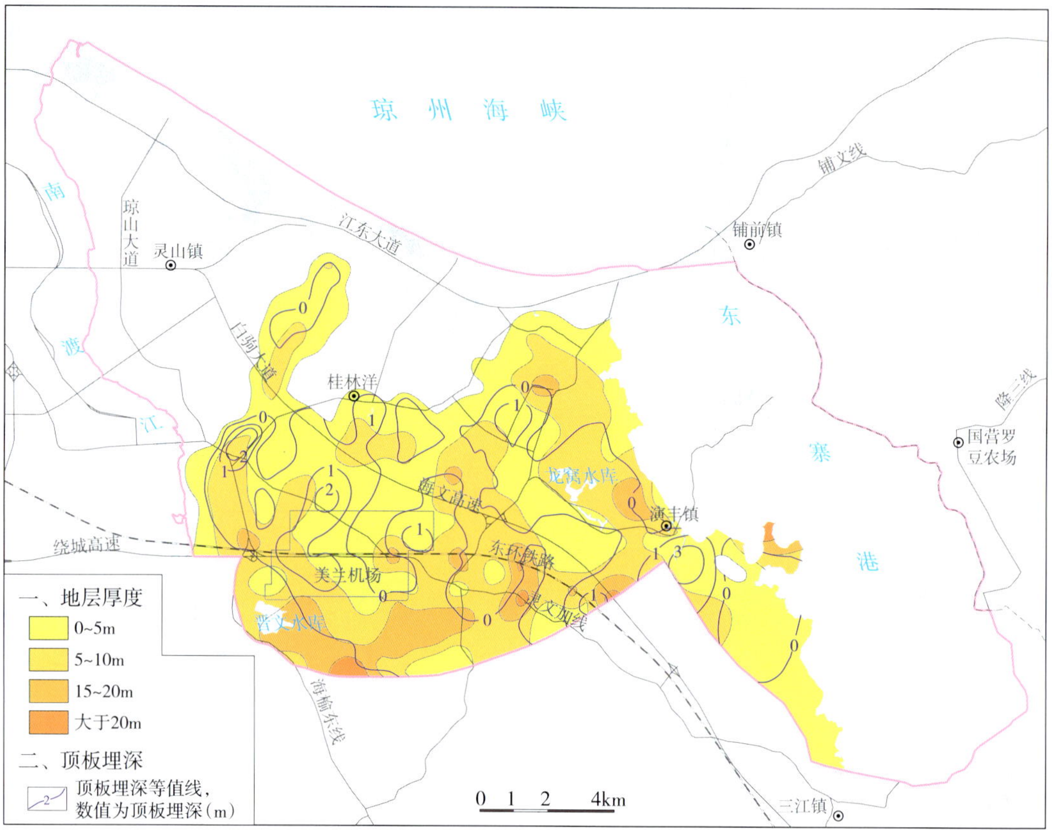

图 3-27　江东新区多文组空间分布图

多文组玄武岩厚度具有南厚北薄的特点。在连井剖面图中（见图 3-9），云龙镇附近的玄武岩厚达 23m（JDSK14），至美兰机场附近的 JDGK54 钻孔，玄武岩的厚度减薄为 12.5m，在桂林洋地区的 JDSK11 钻孔中，玄武岩的厚度仅为 4m。玄武岩厚度由内陆向海岸方向不断减小，代表着当时的火山喷发中心位于调查区的南部靠内陆位置，玄武岩岩浆沿地形由高往低覆盖于早—中更新世地层之上。

当然，多文组玄武岩厚度并非向内陆地区持续增厚，如位于美兰村南西方向 3.5km 处的 JDSK17 钻孔中的多文组地层厚度仅为 3.8m。这与玄武岩喷发前的地形有关，地形凹陷的地方，玄武岩层的厚度大，地形隆起的地方，玄武岩的厚度薄。根据玄武岩厚度离喷发中心越远，厚度越薄的特点可以得出，当时火山口的位置应该是偏向于云龙镇附近。

2. 岩性特征

（1）典型钻孔剖面

江东新区多文组代表性剖面 JDSK13 钻孔位于灵山村灵山寺附近，钻孔坐标 *X*：2203667.132；*Y*：441578.154，孔口高程 29.46m，孔深 200m，该孔钻遇多文组玄武岩以及强风化玄武岩，与下伏地层接触界线明显。JDSK13 钻孔情况见图 3-28。

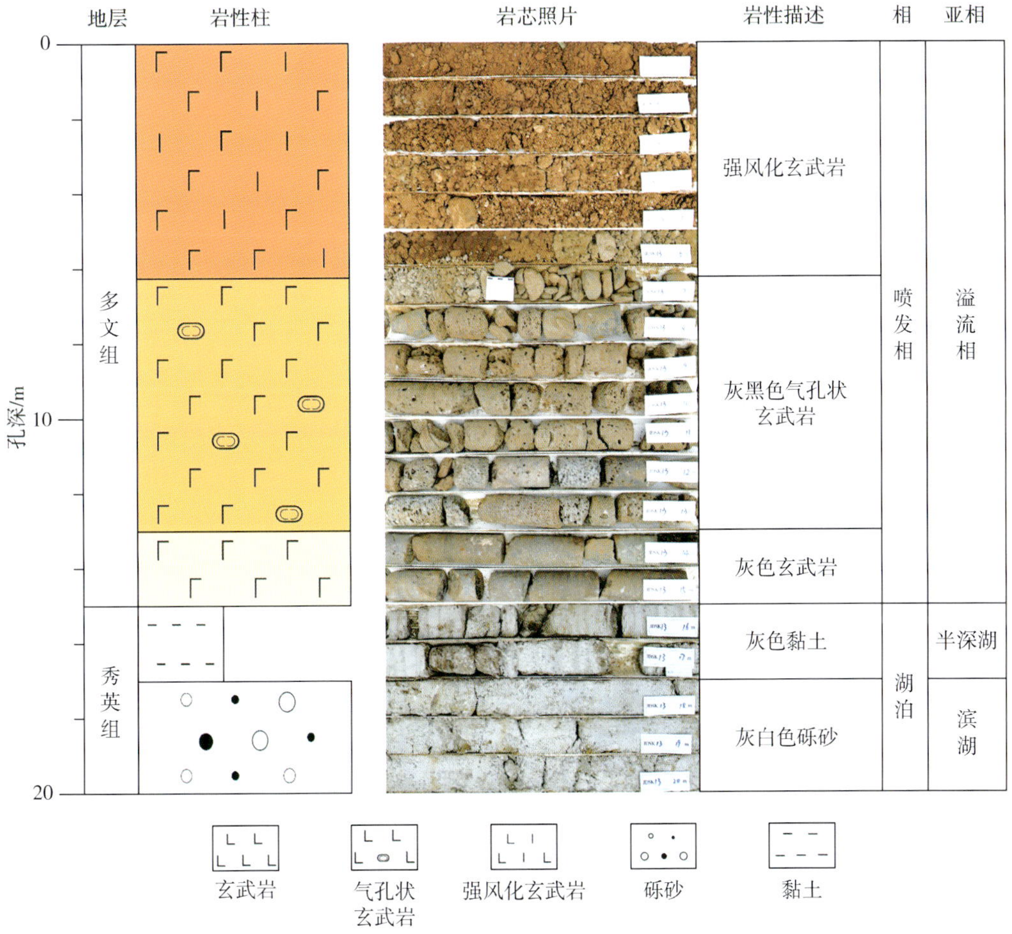

图 3-28　江东新区灵山村灵山寺 JDSK13 钻孔综合柱状图

（2）岩性及组合特征

江东新区火山岩地层岩性简单，底部为灰黑色玄武岩，中部为气孔状玄武岩，上部为强风化玄武岩，发育红土化，该套玄武岩呈喷发不整合叠覆于北海组或者秀英组之上，江东新区玄武岩地层底部未见凝灰岩、火山角砾岩，缺少多文组下段地层。该套岩石与多文组层型剖面中的多文组上段的岩性、岩石组合特征相似，因此本书将其归于多文组。

3. 年龄特征

根据前人数据结果，多文组是与北海组层位大致相当的火山岩地层。Ho Kungsuan 等（2000）于海口三江、定安龙门多文组下段火山岩中采样（HK28、HK25），分别获得全岩 $^{39}Ar-^{40}Ar$ 年龄为（1.12±0.02）Ma、（0.45±0.01）Ma。龙文国等（2006）于琼北多文组下段的火山岩中获得了 $^{39}K-^{40}Ar$ 测年结果为（1.16±0.40）Ma（由北京大学地质学系同位素地球化学研究实验室苗国均、黄宝玲测试）。上述测试结果（表 3-2）表明，时代为早更新世—中更新世。根据多文组自然叠覆于北海组之上，又被晚更新世道堂组覆盖，将其形成时代厘定为中更新世中晚期。

表 3-2　琼北更新统玄武岩 K-Ar 年龄测定结果

采样地点	样号	岩性	K_2O 含量/%	$^{40}Ar/10^{-11}mol \cdot g^{-1}$)	年龄/Ma	资料来源
定安龙门	HK25	橄榄拉斑玄武岩	1.34	0.0830	0.43±0.03	Ho（2000）
临高博厚	HK16	橄榄拉斑玄武岩	1.25	0.2176	1.20±0.02	Juang（1996）
临高多文	IH4-2	橄榄玄武岩	1.44	0.2808	1.16±0.40	龙文国等（2005）

4. 鉴定标志

江东新区火山岩地层岩性简单，底部为灰黑色玄武岩，中部为气孔状玄武岩（图 3-29），上部为强风化玄武岩，表层多发育红土化（图 3-30）。

图 3-29　JDSK13 钻孔多文组玄武岩岩性照片

图 3-30　JDSK13 钻孔多文组表层红土化岩芯照片

（四）琼山组（Qh^2q）

琼山组系张仲英等（1987）创建，原始定义指海口市美兰区东营沙头村 JDZK2 钻孔 5.93～9.09m 井段地层，属滨海沉积，岩性主要为中粗砂，时代为中全新世晚期。1992 年雷奕振等对其进行重新划分，赋予新的含义，以海口市美兰区东营沙头村 7Zk2 钻孔 5.93～17.95m 井段作为标准剖面，岩性为砂质黏土夹少量黏土、砂，富含有机质黏土，含砂、细砾含砂质黏土，为海陆过渡三角洲相沉积。

1. 空间分布特征

江东新区琼山组主要分布于南渡江东侧至道孟河西侧，南至灵山镇北侧。区内琼山组具有多个沉积中心，沉积厚度在总体特征显示出具有西厚东薄，南浅北深的特征（图 3-31）。区内琼山组地层最大沉积厚度位于东营镇边的 JDSK10 钻孔中，该钻孔中琼山组沉积厚度达 29.2m，发育两个下粗上细正粒序韵律旋回，底部韵律旋回厚度较薄，厚约 7.2m；上部第二套韵律层厚度较大，厚约 22m，直接出露于地表，未见顶。江东新区琼山组埋深介于 0～30m 之间。

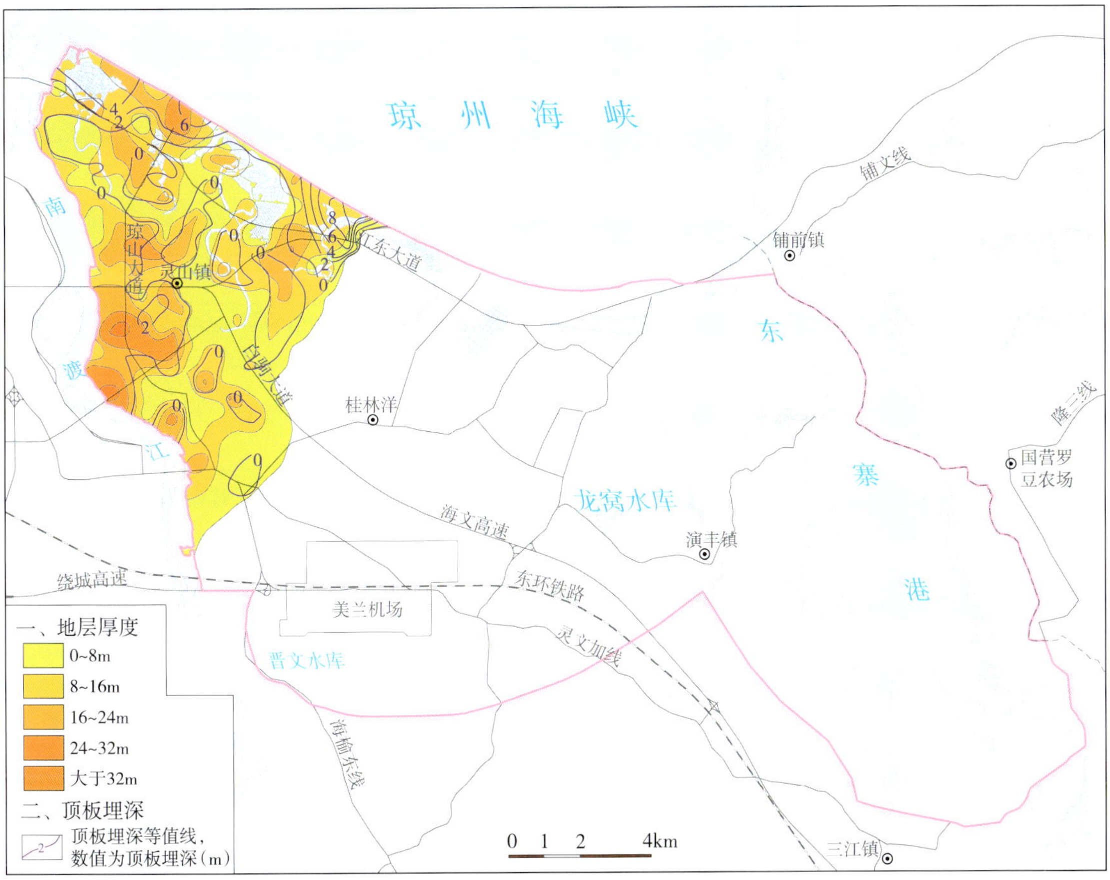

图 3-31　江东新区琼山组空间分布图

2. 岩性特征

（1）典型钻孔剖面

江东新区琼山组代表性剖面 JDGK43 钻孔位于后坡村，钻孔坐标 X：2215977.3；Y：442047.23，孔口高程 1.679m，孔深 100m，该钻孔琼山组岩性典型，岩性组合完整，发育两个下粗上细的韵律旋回，与下伏地层秀英组接触界线清晰。JDGK43 钻孔情况见图 3-32。

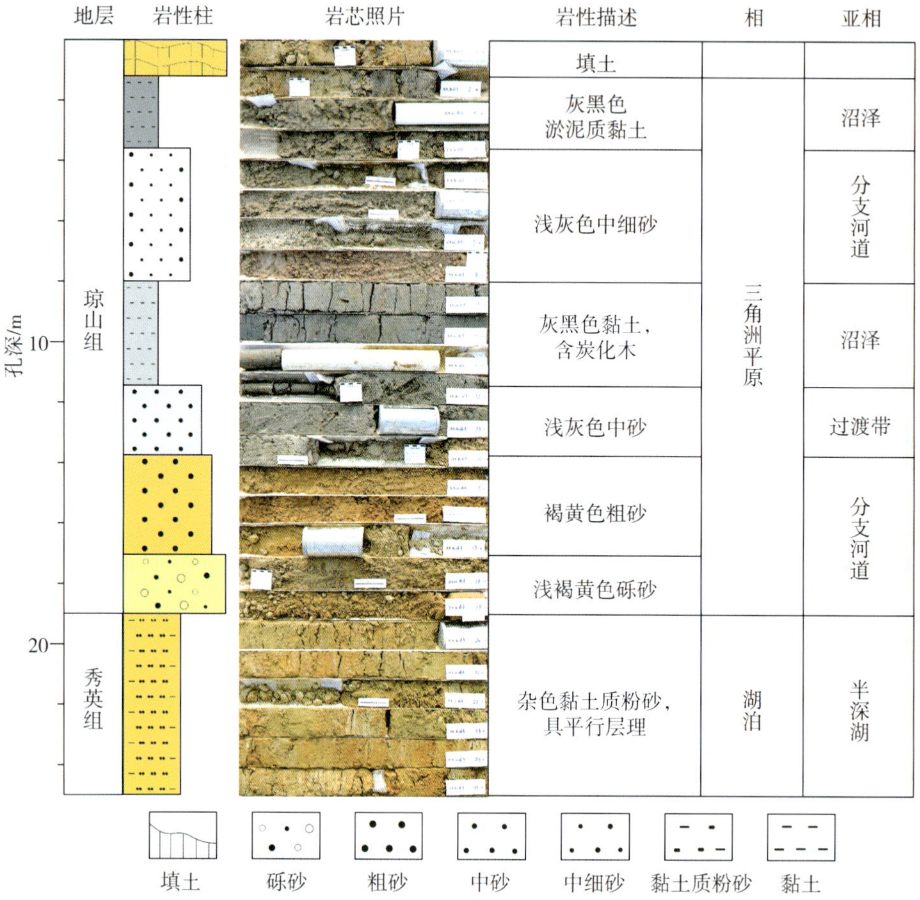

图 3-32　江东新区后坡村 JDGK43 钻孔综合柱状图

(2) 岩性及组合特征

江东新区琼山组主要发育两个下粗上细的韵律旋回，个别钻孔可见 3 个韵律旋回。

琼山组底部为褐黄色、浅褐黄色粗砂层、砂砾层，向上由中砂渐变为灰黑色黏土，黏土中含碳化木，有机质含量高，由此构成第一个韵律；第二个韵律以浅灰色中细砂为底，该旋回底部砂层粒度普遍比第一旋回底部砂层粒度细，岩性为灰色、灰黄色粗中砂、中细砂，顶部为淤泥质黏土。

3. 年龄与古生物特征

琼山组产有孔虫和孢粉化石。有孔虫主要有 *Quinqueloculina*，*Triloculina tigonula*，*Ammoniatepida*，*Elphidium* 等。孢粉化石分三带：下部为 *Castanopsis–Dacrydium–Proteaceae–Cyathea* 带，以木本花粉为主，反映了炎热潮湿的气候；中部为 *Proteaceae–Elaeocarpus–Castanopsis–Casts–nes–Piper* 带，以木本植物花粉占绝对优势，显示气候比下部更温热；上部为 *Casuarina equisetifolia–Castanopsis–Pinus–Artemisia* 带，木本植物花粉明显减少，其中木麻黄占重要地位，草本植物花粉和蕨类孢子含量相应增高。整个孢粉带属种较单调，反映气候偏暖干。

本次工作在道孟河边 JDGK104 钻孔的 7.4m、14.5m、15.6m 处采集了碳化木进行 ^{14}C 测年分析，测试年龄值均大于 43500a。数据可知，本次工作获得的 3 个碳化木 ^{14}C 测年结果超出 ^{14}C 测年范围，不能确定其沉积时代，还应当通过多种手段综合解释其沉积时代。

前人在海口市美兰区东营沙头村 7Zk2 钻孔琼山组代表性剖面上部取得 ^{14}C 年龄 8460±170a，下部 ^{14}C 年龄 10230±320a，时代为全新世早期。

综合上述古生物化石及年龄资料，将琼山组的地质时代厘定为全新世早中期。

4. 沉积环境

琼山组底部为卵石层，上部为灰黑色淤泥质黏土层，岩石组合特征与地貌形态显示：琼山组形成于海陆相互作用带的三角洲环境，进一步可细分为三角洲平原环境，包括分支河道亚相和沼泽亚相。其中，分支河道亚相主要沉积褐黄色砂砾层、粗砂层和中细砂层；沼泽亚相主要沉积灰黑色淤泥质黏土层、黏土层、粉砂质黏土层。

5. 鉴定标志

（1）标志层划分

琼山组沉积环境为三角洲相沉积。以底部含卵石砂砾层，上部灰黑色淤泥质黏土层形成的岩石组合作为该组的鉴定标志（图 3-33）。

图 3-33　琼山组标志层岩性照片

（2）区分标志

琼山组与烟墩组在岩性上不易区分，以下两点可作为区分标志：①在地貌上，烟墩组发育滨海沙堤地貌，呈条带状平行海岸线分布，标高一般为 2~8m；滨海沙堤靠内陆一侧发育海积阶地，地势平坦，标高 2~4m。琼山组形成于三角洲环境，三角洲平原地形上较为平坦、开阔，多为耕作地，河网密布，水系发育，标高一般为 2~5m。②琼山组与烟墩组均具有底部砂砾层，上部灰黑色黏土层的特征，但是，琼山组底部砂砾层含较多卵砾石，砾石磨圆度较好，且砾石成分复杂，多含花岗岩和变质岩砾石，代表三角洲平原上的河床底砾石沉积，物源来自河流的中上流。烟墩组底部砂砾层颜色为灰白色，砾石粒径没有琼山组卵石粒径大，且磨圆度较差，该层结构成熟度较高，成分基本为石英砂，与其形成于潮水反复冲刷淘洗的滨岸带沉积环境有关。

（五）烟墩组（Qh^3y）

烟墩组系中国科学院地质研究所赵希涛等（1979）创建并介绍，雷奕振等（1992）重新厘定了原烟墩组，表示海南岛整个晚全新世为滨海沙堤—潟湖系列的沉积。代表性剖面位于文昌市烟墩人工河剖面，原始定义指 2~6 层，属滨海、潟湖相沉积，岩性主要由黄灰白色砂砾、粗砂、细砂及黑色含有机质黏土组成，厚度 14.5m，时代为晚全新世早期。现在定义指晚全新世的滨海沙堤—潟湖系列沉积，整合或平行不整合于琼山组之上，是锆钛矿、金红石及独居石等砂矿的赋矿层位。

1. 空间分布

江东新区烟墩组主要分布于江东新区沿海以及演村—高山村一带，发育两个沉降中心，分别位于起步区和高山村以北一带（图3-34）。东寨港以及高山村一带烟墩组整体上以灰黑色黏土、淤泥质黏土为主，上部为黄色中砂层，其沉积厚度向海岸方向增加，最厚处可达约22m。起步区江东大道以北烟墩组以砂泥互层为特征，中粗砂层、中细砂层、砾砂层厚度大，黏土层、粉砂层厚度小，最大沉积厚度约17.5m。东营镇一带烟墩组主要分布于海边，地貌上为风成沙丘，岩性以黄色细中砂、粗中砂为主，局部夹薄层灰黑色黏土，沉积厚度为4~10m。

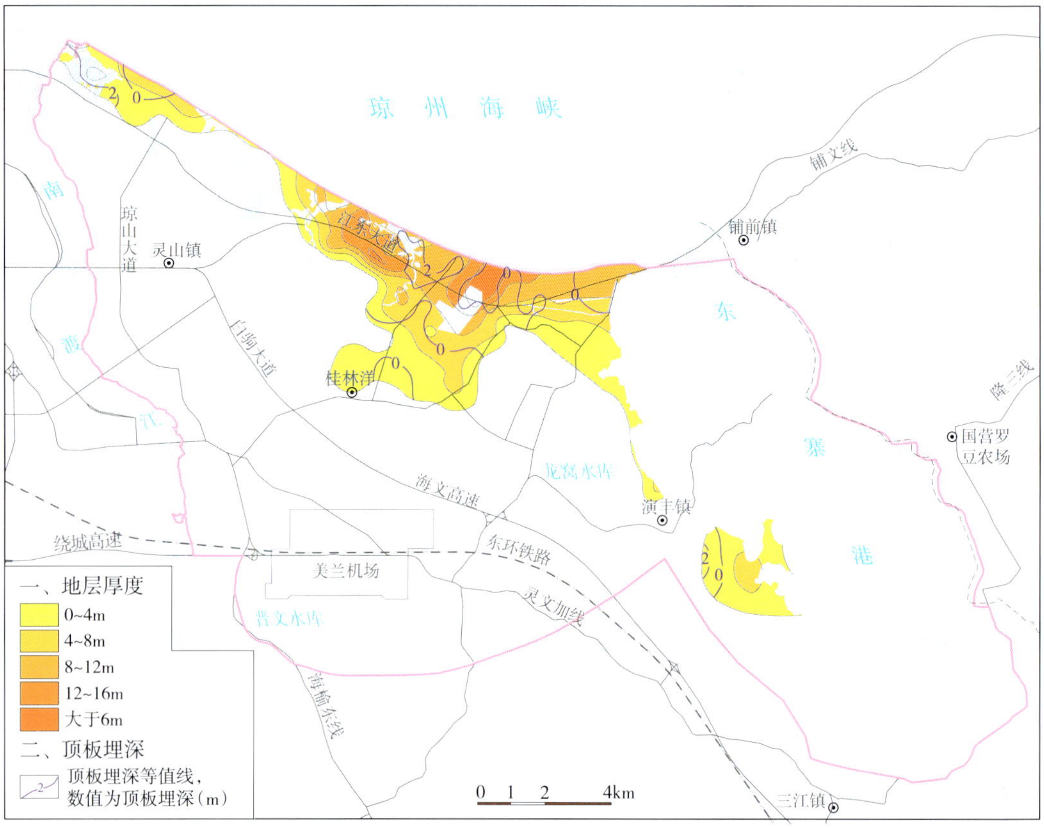

图3-34　江东新区烟墩组空间分布图

2. 岩性特征

（1）典型钻孔剖面

江东新区烟墩组代表性剖面JDSK44钻孔位于起步区的海边沙堤，钻孔坐标X：2216007.684；Y：444351.679，孔口高程3.016m，孔深50m，该钻孔烟墩组岩性典型，岩性组合完整，与下伏地层秀英组接触界线清晰。

JDSK44钻孔基本情况见图3-35。

（2）岩性及组合特征

江东新区烟墩组底部以厚—中层状中粗砂层、砾砂层夹薄层状粉砂层为主，中上部以灰黑色黏土层夹中细砂层为特征，顶部常见风积的中细砂层。

3. 年龄与古生物特征

起步区JDSK12钻孔孔深3.9~8.4m井段烟墩组中可识别出Polypodiaceae-*Quercus*-*Castanopsis*-Gramineae孢粉组合；JDGK119钻孔孔深8.6m、JDSK39钻孔孔深7.6~13.6m、JDSK52钻孔孔深7.6~14.0m处均识别出了Polypodiaceae-*Quercus*-*Castanopsis*-Gramineae孢粉组合，孢粉鉴定结果

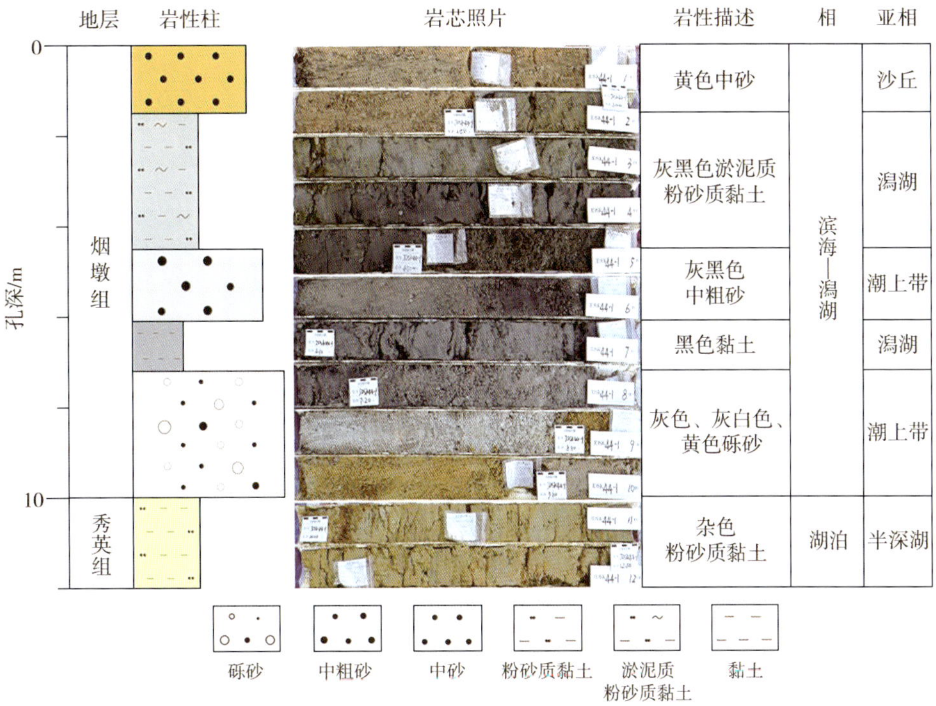

图 3-35　江东新区起步区 JDSK44 钻孔综合柱状图

与前人研究结果基本吻合。该组合中木本阔叶类植物花粉与蕨类植物孢子交替占优势，木本针叶类植物花粉较少，陆生草本植物与水生草本植物花粉含量相近。木本阔叶类植物花粉中又以热带常绿阔叶类为主，见有石栎、栲属、栗属、榕树、杜英、大戟属、棕榈科等花粉；热带海滨红树林植物花粉有红树属、海桑属；温带类型如桤木、鹅耳枥属等也可见及。木本针叶类植物花粉主要是泪杉、罗汉松和广温性的松属等。陆生草本植物花粉主要见到禾本科、菊科和蒿属，水生草本植物花粉中香蒲、莎草科多见。海相沟鞭藻及有孔虫内膜偶有见及。

从当前孢粉组合的组成成分及含量分析，不难看出其植被类型与现今海南岛植被相近，属于热带森林植被，林下蕨类植物和草本植物繁盛。当前孢粉组合与郑卓等（2003）报道的海南双池玛珥湖全新世第三孢粉组合带极为相近，代表全新世大暖期之后的一个气候突变事件。

该钻孔烟墩组有孔虫丰度和分异度极低，个体数量不超过 20 枚，且保存较差，主要是 *Ammonia*, *Pseudorotalia*, *Heterolepa*, *Amphisterina* 等温暖浅水常见分子，为第四纪常见物种。

在江东新区起步区 JDSK12 钻孔旁边的沙丘上采集的光释光（OSL）测年样品，测试分析得出的年龄值为 0.9±0.3ka。

因此，通过本次工作取得的年龄数据，结合前人的研究成果，烟墩组的地质时代为全新世。

4. 沉积环境

根据烟墩组岩性组合特征、地貌特征以及生物化石特征，烟墩组沉积环境属于滨海—潟湖相沉积。烟墩组底部的粗砂层、砂砾层进一步可划分为潮上带环境，中上部灰黑色黏土、淤泥质黏土层形成于潟湖环境。

5. 鉴定标志

（1）标志层划分

由于烟墩组沉积环境为滨海—潟湖系列沉积。因此以底部灰白色砂砾层，上部灰黑色黏土层形成的岩石组合作为该组的鉴定标志（图 3-36）。

（2）区分标志

参考上文琼山组的区分标志。

图 3-36　JDGK162 钻孔烟墩组标志层岩性照片

（六）全新统未分（Qh）

1. 空间分布

仅分布于南渡江东岸至群山村之间，埋深 0~11m。

2. 岩性特征

（1）典型钻孔剖面描述

江东新区全新统（未建组）代表性剖面 JDGK192 钻孔位于南渡江东岸至群山村之间，钻孔坐标 X：2207366.325；Y：439121.868，孔口高程 7.109m，孔深 100.5m，该钻孔全新统（未建组）岩性典型，岩性组合完整，与下伏地层秀英组接触界线清晰。JDGK192 钻孔情况如下：

全新统未分（Qh）	厚 10.9m
1. 褐黄色中砂	5.3m
2. 褐黄色砾砂	5.6m

------------平 行 不 整 合------------

下伏地层：下更新统 秀英组（Qp^1x）杂色含粉砂质黏土

（2）岩性及组合特征

江东新区全新统（未建组）主要分布于南渡江两侧沿岸，下部岩性为褐黄、黄色砾砂层、中粗砂层，上部为细中砂层。为全新世及现代河流沉积，水动力条件较为动荡，沉积物粒度较粗。地表上形成河流一级阶地、边滩、沙洲等地貌景观。

3. 年龄特征

在南渡江东岸大宋村附近的河流阶地上采集的光释光（OSL）测年样品，测试分析得出的年龄值为 0.5±0.1ka，时代为全新世。

4. 沉积环境

根据岩性组合特征以及地貌特征，全新统形成于河流环境，其底部褐黄色砾砂可划归为河道微相，上部褐黄色中砂可划归为边滩微相。

5. 鉴定方法

全新统未分（Qh）与琼山组（Qh^2q）从岩性上看，因其形成于相近的沉积环境，两者不易区分。全新统未分以砂、砂砾为主，琼山组常见淤泥质黏土，二者岩性组合特征有较明显的差别；可以采用光释光（OSL）以及^{14}C测年的手段将两者区分开来。

第二节 分布特征

为了更直观地了解研究区地层的空间展布情况，根据地貌、岩性和地层组合等特征将江东新区的地层进行了分区研究。

一、分区结果

根据地层界线以及地貌特征划分了5个地层区，分别是东营镇—桂林洋烟墩组滨海堆积平原区（Ⅰ）、灵山镇—新埠桥琼山组三角洲平原区（Ⅱ）、南渡江—黑山村河流阶地区（Ⅲ）、云山村—桂林洋北海组冲积平原区（Ⅳ）、灵山镇—演丰镇多文组火山岩台地区（Ⅴ），其中，烟墩组滨海堆积平原区还可根据地貌形态的不同细分为海成沙堤组合、海积阶地组合以及海湾堆积平原组合，区位分布情况见图3-37，各区地层组合特征见表3-3~表3-7。

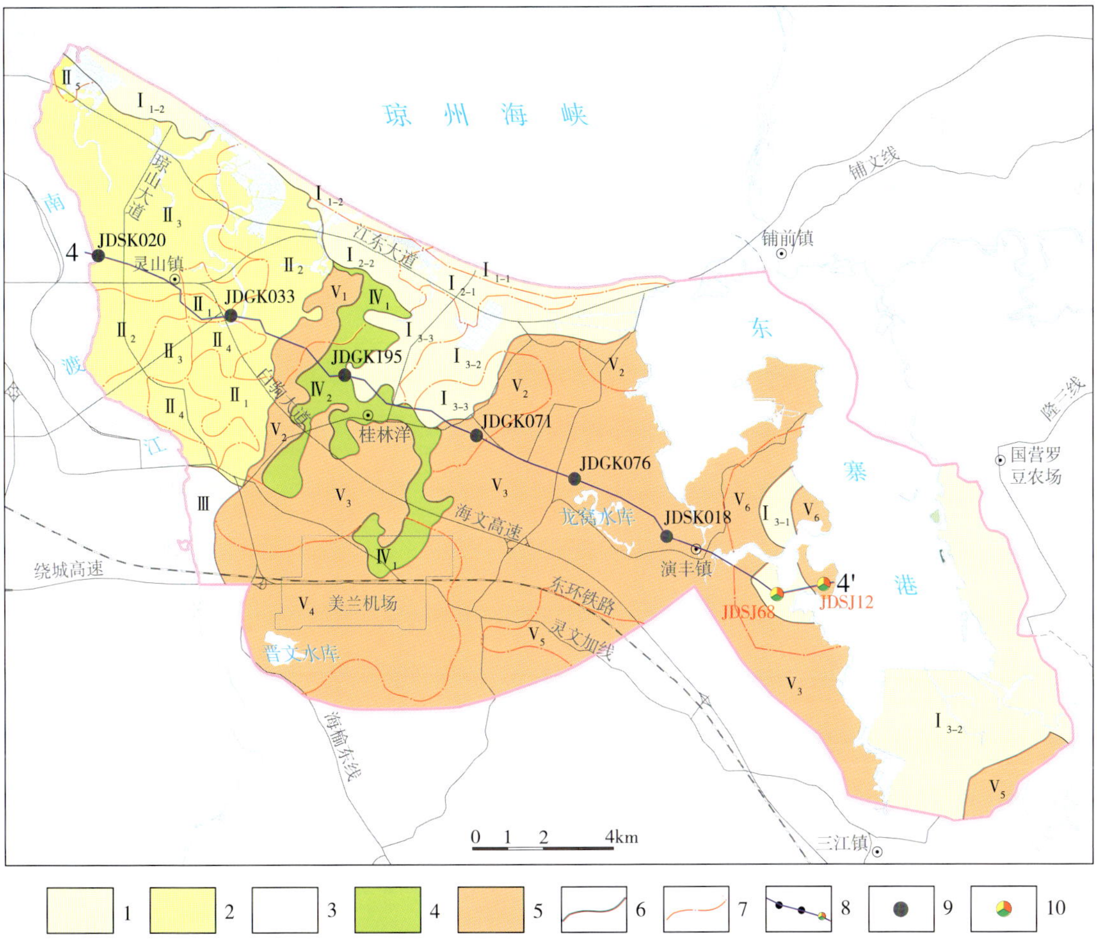

图3-37 江东新区地层组合分区图

1—东营镇—桂林洋滨海堆积平原区（Ⅰ）；2—灵山镇—新埠桥三角洲平原区（Ⅱ）；3—南渡江—黑山村河流阶地区（Ⅲ）；4—云山村—桂林洋冲积平原区（Ⅳ）；5—灵山镇—演丰镇火山岩台地区（Ⅴ）；6—地貌类型界线；7—地层组合分区界线；8—钻孔剖面线；9—施工钻孔；10—收集钻孔

二、地层空间分布特征

由于孔深 200m 以上的钻孔较少，对地层的控制不够准确，仅讨论研究区 200m 以浅地层组合特征。

（一）滨海堆积平原区（Ⅰ）

主要分布于江东新区沿海以及演村—高山村一带，由于地貌类型的不同可将滨海堆积平原区（Ⅰ）划分为海成沙堤块（$Ⅰ_1$）、海积阶地块（$Ⅰ_2$）以及海湾堆积平原块（$Ⅰ_3$）。海成沙堤块（$Ⅰ_1$）主要分布在新区北部的海岸边，平行海岸带呈断续状分布；海积阶地块（$Ⅰ_2$）位于滨海沙堤的后方（靠内陆方向），地势上比滨海沙堤低，岩性上以细中砂为主，并含少量粗砂；海湾堆积平原块（$Ⅰ_3$）主要位于高山村以北以及东寨港一带的海湾中，沉积物以灰黑色淤泥质黏土为主，东寨港一带淤泥质黏土的厚度约为 5m（图 3-38），淤泥质黏土厚度比高山村一带的淤泥质黏土小。各区块地层组合特征见表 3-3。

表 3-3　滨海堆积平原区（Ⅰ）地层组合序列表

<table>
<tr><th>岩石地层</th><th>一级地貌</th><th>地层组合区</th><th>地层组合块</th><th colspan="6">地层组合序列</th></tr>
<tr><td rowspan="27">烟墩组</td><td rowspan="27">滨海堆积地貌</td><td rowspan="27">滨海堆积平原区（Ⅰ）</td><td rowspan="9">海成沙堤块（$Ⅰ_1$）</td><td colspan="3">$Ⅰ_{1-1}$</td><td colspan="3">$Ⅰ_{1-2}$</td></tr>
<tr><td colspan="3">烟墩组（沙堤）</td><td colspan="3">烟墩组（沙堤）</td></tr>
<tr><td colspan="3">秀英组</td><td colspan="3">秀英组</td></tr>
<tr><td colspan="3"></td><td colspan="3">海口组四段</td></tr>
<tr><td colspan="3">海口组三段</td><td colspan="3">海口组三段</td></tr>
<tr><td colspan="3">海口组二段</td><td colspan="3">海口组二段</td></tr>
<tr><td colspan="3">海口组一段</td><td colspan="3">海口组一段</td></tr>
<tr><td colspan="3">灯楼角组</td><td colspan="3">灯楼角组</td></tr>
<tr><td colspan="3">角尾组</td><td colspan="3">角尾组</td></tr>
<tr><td rowspan="9">海积阶地块（$Ⅰ_2$）</td><td colspan="3">$Ⅰ_{2-1}$</td><td colspan="3">$Ⅰ_{2-2}$</td></tr>
<tr><td colspan="3">烟墩组（阶地）</td><td colspan="3">烟墩组（阶地）</td></tr>
<tr><td colspan="3">秀英组</td><td colspan="3">秀英组</td></tr>
<tr><td colspan="3"></td><td colspan="3">海口组四段</td></tr>
<tr><td colspan="3">海口组三段</td><td colspan="3">海口组三段</td></tr>
<tr><td colspan="3">海口组二段</td><td colspan="3">海口组二段</td></tr>
<tr><td colspan="3">海口组一段</td><td colspan="3">海口组一段</td></tr>
<tr><td colspan="3">灯楼角组</td><td colspan="3">灯楼角组</td></tr>
<tr><td colspan="3">角尾组</td><td colspan="3">角尾组</td></tr>
<tr><td rowspan="9">海湾堆积平原块（$Ⅰ_3$）</td><td colspan="2">$Ⅰ_{3-1}$</td><td colspan="2">$Ⅰ_{3-2}$</td><td colspan="2">$Ⅰ_{3-3}$</td></tr>
<tr><td colspan="2">烟墩组（潟湖）</td><td colspan="2">烟墩组（潟湖）</td><td colspan="2">烟墩组（潟湖）</td></tr>
<tr><td colspan="2"></td><td colspan="2"></td><td colspan="2">北海组</td></tr>
<tr><td colspan="2">秀英组</td><td colspan="2">秀英组</td><td colspan="2">秀英组</td></tr>
<tr><td colspan="2"></td><td colspan="2">海口组三段</td><td colspan="2">海口组三段</td></tr>
<tr><td colspan="2">海口组二段</td><td colspan="2">海口组二段</td><td colspan="2">海口组二段</td></tr>
<tr><td colspan="2">海口组一段</td><td colspan="2">海口组一段</td><td colspan="2">海口组一段</td></tr>
<tr><td colspan="2">灯楼角组</td><td colspan="2">灯楼角组</td><td colspan="2">灯楼角组</td></tr>
<tr><td colspan="2">角尾组</td><td colspan="2">角尾组</td><td colspan="2">角尾组</td></tr>
</table>

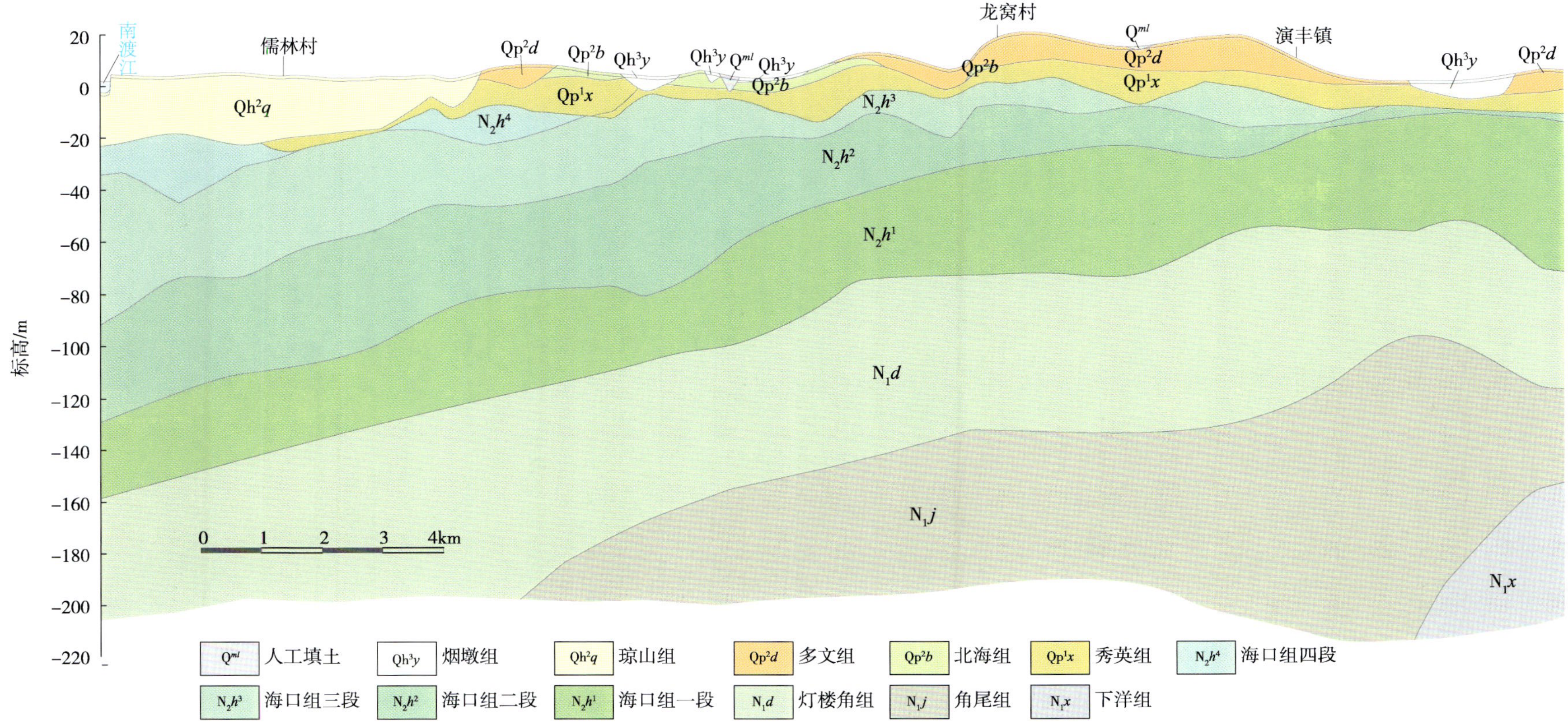

图 3-38 江东新区地层剖面图

（二）三角洲平原区（Ⅱ）

分布于南渡江东侧至道孟河西侧，南至灵山镇北侧。该区域可划分出5种地层组合（表3-4），从图3-37上可以看出，$Ⅱ_3$的分布面积最大，该组合特征为缺失秀英组，琼山组底部的砂砾层直接与海口组四段深灰色黏土呈平行不整合接触。通过连井剖面对比（见图3-38），联系当时的沉积环境推测：早更新世道户村—东营镇一带的盆地在海口组顶部沉积了湖相粉砂质黏土。全新世道户村—东营镇一带沉积环境变化为滨海—三角洲环境，在河流以及潮汐的共同作用下秀英组不断被侵蚀，最终导致秀英组被冲刷，或者仅剩下厚度不大的杂色黏土层，琼山组海陆交互相沉积物直接覆盖在海口组之上（见图3-38）。$Ⅱ_2$的分布面积仅次于$Ⅱ_3$，与$Ⅱ_3$不同的是，$Ⅱ_2$琼山组底部出现了秀英组杂色黏土，不过该区域秀英组地层厚度仅为2~6m（见图3-38）。三角洲平原区（Ⅱ）其他地层组合特征详见表3-4。

表3-4　三角洲平原区（Ⅱ）地层组合序列表

岩石地层	一级地貌	地层组合区	地层组合序列				
			$Ⅱ_1$	$Ⅱ_2$	$Ⅱ_3$	$Ⅱ_4$	$Ⅱ_5$
琼山组	三角洲地貌	三角洲平原区（Ⅱ）	琼山组	琼山组	琼山组	琼山组	琼山组
			秀英组	秀英组			
				海口组四段	海口组四段		海口组四段
			海口组三段	海口组三段	海口组三段	海口组三段	海口组三段
			海口组二段	海口组二段	海口组二段	海口组二段	海口组二段
			海口组一段	海口组一段	海口组一段	海口组一段	海口组一段
			灯楼角组	灯楼角组	灯楼角组	灯楼角组	灯楼角组
			角尾组	角尾组	角尾组	角尾组	角尾组

（三）河流阶地区（Ⅲ）

位于黑山村至南渡江之间，为全新世及现代河流沉积。地表上形成河流一级阶地、边滩、沙洲等地貌景观。该地区秀英组及以下地层完整，缺少中更新统北海组以及全新统琼山组、烟墩组沉积，全新统沉积物以平行不整合方式覆盖在秀英组之上（表3-5）。

表3-5　河流阶地区（Ⅲ）地层组合序列表

岩石地层	一级地貌	地层区	地层组合序列
全新统	河流地貌	河流阶地区（Ⅲ）	Ⅲ
			秀英组
			海口组四段
			海口组三段
			海口组二段
			海口组一段
			灯楼角组
			角尾组

（四）冲积平原区（Ⅳ）

呈“丁”字形分布于小燕尾村—灵山镇、桂林洋—林香村一带。可划分出 2 种地层组合，两种组合的不同之处在于：$Ⅳ_2$ 缺少海口组四段的粉砂质黏土沉积（表 3-6）。

表 3-6 冲积平原区（Ⅳ）地层组合序列表

岩石地层	一级地貌	地层组合区	地层组合序列	
			$Ⅳ_1$	$Ⅳ_2$
北海组	河流地貌	冲积平原区（Ⅳ）	北海组	北海组
			秀英组	秀英组
			海口组四段	
			海口组三段	海口组三段
			海口组二段	海口组二段
			海口组一段	海口组一段
			灯楼角组	灯楼角组
			角尾组	角尾组

（五）火山岩台地区（Ⅴ）

南东起于东寨港，北西至道孟河南部，南西起于云龙镇，北东至塔市村，该区分布面积广，地层组合复杂，可划分为 6 种地层组合方式（表 3-7）。

表 3-7 火山岩台地区（Ⅴ）地层组合序列表

岩石地层	一级地貌	地层区	地层组合序列					
			$Ⅴ_1$	$Ⅴ_2$	$Ⅴ_3$	$Ⅴ_4$	$Ⅴ_5$	$Ⅴ_6$
多文组	火山地貌	火山岩台地区（Ⅴ）	多文组	多文组	多文组	多文组	多文组	多文组
			北海组	北海组				
			秀英组	秀英组	秀英组	秀英组	秀英组	
			海口组四段			海口组四段		
			海口组三段	海口组三段	海口组三段	海口组三段	海口组三段	
			海口组二段	海口组二段	海口组二段	海口组二段	海口组二段	海口组二段
			海口组一段	海口组一段	海口组一段	海口组一段	海口组一段	海口组一段
			灯楼角组	灯楼角组	灯楼角组	灯楼角组	灯楼角组	灯楼角组
			角尾组	角尾组	角尾组	角尾组	角尾组	角尾组
								下洋组

$Ⅴ_6$ 分布于演丰镇东部的山尾村一带，该组合的特征为缺失海口组三段、海口组四段、秀英组、北海组，玄武岩直接覆盖在海口组二段粉砂质黏土之上（见图 3-38）。该区域海口组二段的厚度仅为 2~5m（见图 3-38），说明在海口组二段沉积时期，没有足够的泥质沉积物输送，沉积厚度较小，且海口组二段与三段之间的转换期存在地壳抬升，导致该地区海口组二段粉砂质黏土暴露于地表环境，并缺失后续的沉积，直到早更新世，陆相湖泊的广泛发育，导致秀英组杂色黏土呈平行不整合覆盖在海口组二段粉砂质黏土之上。

V_3 分布面积最大，该组合特征为缺失海口组四段以及北海组沉积，秀英组黏土呈平行不整合覆盖于海口组三段贝壳碎屑砂之上。江东新区大林村以东、美兰村以北普遍缺失海口组四段沉积。海口组四段粉砂质黏土形成于深水环境，而海口组三段形成于滨海环境，说明江东新区大林村东部为盆地浅水区，越往东越靠近盆地边缘，大林村西北方向为盆地深水区。从海口组一段贝壳砂砾岩以及海口组二段粉砂质黏土（见图3-38）的厚度变化趋势（该段由南东往北西沉积厚度逐渐减小，埋深也从南东往北西由浅变深）也能看出东营镇一带更靠近海口组的沉积中心。

第四章　工程地质标准层划分及特征

第一节　工程地质标准层划分

随着江东新区未来城市化的快速发展，各类工程的建设将会有大量的地质资料积累，而这些工程地质资料将大多以单一工程为核心，地层层序的划分也一般仅仅满足单个工程需要，相邻工程同一土层的编号也会受不同地质工程师及场地条件限制而不一致。站在海口江东新区的高标准定位，以及本项目城市地下空间资源潜力评价的地质模型概化、岩土体质量评价、地质结构的变化规律、地质信息管理平台建设等的技术需要，同时为便于未来江东新区的统一规划管理、分析决策、地质大数据库的积累、地质资料的开发利用等，对整个区域进行工程地质层的标准化显得尤为重要和迫切。

为此，结合已有地质成果资料及本次施工的勘探孔，对海口江东新区的工程地质层进行工程地质层标准化，标准化主要包括土层层序统一划分以及确定的唯一的土层编号。

一、划分范围

平面范围：海口江东新区 298km^2。

深度范围：考虑工程建设和地下空间开发深度的需要，工程地质标准层划分深度为地面以下 100m。

二、基础数据

本次工程地质标准层划分主要的数据基础为 1：5 万区域地质调查的测年数据、收集的海口江东新区 6592 个工程地质钻孔、131 个水文地质钻孔、本次施工的 264 个钻孔的工程地质分层数据。

三、划分原则

（1）溯源性原则

以江东新区基础地质结构研究成果为依据，结合工程地质分析评价的要求，对区内 100m 深度范围内的岩土体进行工程地质层划分，一般情况下工程地质层（组）不宜跨越和混淆各岩石地层界线，依据沉积时代确定分层界线。

（2）通用性原则

工程地质层的划分应充分考虑江东新区地质演化规律，尽可能地囊括区内主要岩土层；岩土分层及命名应综合考虑现行工程勘察规范和地方经验，便于后期勘察设计同行使用。

（3）尺度适宜的原则

划分的工程地质层不可能也没必要反映区内所有岩土体，进行工程地质层划分时应有较为明确的划分尺度。对于在平面和纵向展布具有一定规模的主要岩土层、对区域沉积演化或工程建设具有重要意义的标志层位或特殊层位应进行单独划分；其他的岩土层根据情况进行适当归并。

（4）可操作性原则

划分的工程地质层要具有一定的可鉴别性，便于指导后期工程地质勘察的地层标准化，使区内形成统一的分层标准。

四、划分方法

根据岩土体地质年代与沉积环境、岩性与工程性质、空间展布特征，将海口江东新区范围内的岩土层按工程地质层组、层、夹层三级进行划分。

（一）工程地质层组

岩土体形成时代对于其工程性质具有重要意义，特别是对于松散沉积物，沉积年代越久远，沉积物自重压密程度越高，其工程性质往往越好，本次将岩土体形成时代（或地质时代）作为工程地质层组划分的主要依据。

根据本次对区域基础地质结构的研究成果，江东新区 100m 深度范围内岩土体由新到老依次划分为全新统未分（Qh）、烟墩组（Qh^3y）、琼山组（Qh^2q）、多文组（Qp^2d）、北海组（Qp^2b）、秀英组（Qp^1x）、海口组（N_2h）、灯楼角组（N_1d）等 8 个岩石地层单位，不同岩石地层单位其形成时代和沉积环境往往都存在较大差别，进而导致工程性质的差异。本次将这 8 个岩石地层均单独划分为工程地质层组，层组代号由上至下（地层年代由新到老）依次以阿拉伯数字 1、2、3……7、8 表示（表 4-1）。

表 4-1　江东新区岩石地层层序与工程地质层组对照表

<table>
<tr><td colspan="4">年代地层</td><td colspan="2">华南地层大区</td><td colspan="2" rowspan="4">工程地质层组编号</td><td rowspan="4">备注</td></tr>
<tr><td rowspan="3">界</td><td rowspan="3">系</td><td rowspan="3">统</td><td rowspan="3">阶</td><td colspan="2">东南地层区</td></tr>
<tr><td colspan="2">雷琼地层分区</td></tr>
<tr><td colspan="2">海口地层小区</td></tr>
<tr><td rowspan="9">新生界</td><td rowspan="5">第四系</td><td rowspan="2">全新统</td><td>上</td><td>烟墩组</td><td rowspan="2">冲洪积（未建组）</td><td>2</td><td rowspan="2">1</td><td rowspan="2"></td></tr>
<tr><td>中</td><td>琼山组</td><td>3</td></tr>
<tr><td rowspan="3">更新统</td><td rowspan="2">中</td><td colspan="2">多文组</td><td colspan="2">4</td><td></td></tr>
<tr><td colspan="2">北海组</td><td colspan="2">5</td><td></td></tr>
<tr><td>下</td><td colspan="2">秀英组</td><td colspan="2">6</td><td></td></tr>
<tr><td rowspan="4">新近系</td><td>上新统</td><td></td><td colspan="2">海口组</td><td colspan="2">7</td><td></td></tr>
<tr><td rowspan="3">中新统</td><td rowspan="3"></td><td colspan="2">灯楼角组</td><td colspan="2">8</td><td></td></tr>
<tr><td colspan="2">角尾组</td><td colspan="2">/</td><td></td></tr>
<tr><td colspan="2">下洋组</td><td colspan="2">/</td><td rowspan="2">工作区 100m 深度范围内未揭露，本次未进行划分，水文地质层标准化时按顺序编号</td></tr>
<tr><td>古生界</td><td>石炭系—二叠系</td><td></td><td></td><td colspan="2">石英岩、片岩、片麻岩、混合岩（未建组）</td><td colspan="2">/</td></tr>
</table>

另外，区内局部地段由于人类活动形成人工堆积的填土层（Q^{ml}），该土层结构松散、均匀性差，不利于工程建设。本次将该层填土层作为一个特殊层组进行单独划分。由于堆积年代最新，本次以阿拉伯数字“0”作为该工程地质层组的编号。

（二）工程地质层

同一时代的岩土层因其形成时所处的环境差异，往往导致岩土体性质存在着差别，对于松散沉积物来说，主要反映为岩性、颗粒组成、密实状态、塑性状态等方面的差异。本次在划分工程地质层组的基础上，主要依据沉积环境、岩性、工程性质进行工程地质层的划分；另外，由于区内岩土体种类繁杂，部分岩土体呈透镜体状分布，本次在划分工程地质层时，还考虑了岩土体在空间上的延续性，一般将在空间上分布范围较广，且具有一定的空间连续性、稳定性，层厚超过 1m 的岩土层单独划分为工程地质层。

工程地质层代号按“所属层组代号+短横杠-+阿拉伯数字 1、2、3、……”依次进行编号；工程地质层岩土定名原则上按照现行《岩土工程勘察规范》（GB 50021—2001，2009 年版）的定名方法。

1. 根据沉积韵律划分工程地质层

在工程地质层组划分的基础上，基于全区勘探孔揭露地层的分析对比，对 100m 深度范围内地层的沉积韵律进行系统的梳理，并基于沉积序列对工程地质层进行划分。

第 1 工程地质层组：为一套河流相冲洪积物，沉积时间短，包含一个自下而上沉积物颗粒由粗到细的沉积旋回，沉积物岩性自下而上依次为砾砂—中粗砂—粉细砂—粉质黏土。本次将该沉积序列的 4 个层位分别划分为 4 个工程地质层，编号自上而下依次编为 1-1、1-2、1-3、1-4。

第 2 工程地质层组：沉积年代为第四纪全新世，为一套近海岸线的滨海沙堤—阶地—潟湖系列的海岸相沉积，受海岸线的进退循环影响，沉积颗粒在自然沉积韵律上发生过一个海进—海退的过程，区域上沉积物以砂类土为主，自下而上沉积物颗粒呈由粗—细—粗—细变化，沉积物岩性自下而上依次为中粗砂—粉细砂—中粗砂—粉细砂。本次将海进—海退过程沉积序列的 4 个层位划分为 4 个工程地质层，编号自上而下依次为 2-1、2-2、2-3、2-4。

第 3 工程地质层组：沉积年代为第四纪全新世，为南渡江入海口的河流三角洲相沉积，受河流冲洪积的颗粒自然沉积规律影响，其岩性、沉积物颗粒变化较为明显。沉积旋回从本次钻探岩性分析，普遍为两个沉积旋回，沉积物颗粒的自然沉积韵律为粗—细—粗—细变化，沉积物岩性自下而上依次为砾砂—中粗砂—粉细砂—粉质黏土—淤泥质粉质黏土—中粗砂—粉细砂—粉质黏土。本次将沉积物岩性变化的 8 个层位划分为 8 个工程地质层，编号自上而下依次编为 3-1、3-2、3-3、3-4、3-5、3-6、3-7、3-8。

第 4 工程地质层组：该层组为火山喷发-溢流相岩层，岩性在区位上很好区分，受风化程度的影响，表面岩石多红土化，整体具有由上至下依次为残积土—全风化—强风化—中等风化的风化壳特征，结合本次所施工的钻孔岩性特征，参照《岩土工程勘察》（GB 50021—2001，2009 年版）定名分类，该层组自下而上依据其风化程度可划分为中风化玄武岩、含黏土角砾（或含角砾黏土）、粉质黏土 3 个工程地质层，编号自上而下依次编为 4-1、4-2、4-3。

第 5 工程地质层组：为第四纪中更新世沉积物，为河流冲洪积相，属冲积扇，亚相为扇中。河流的河道—边滩其沉积物颗粒、物质成分均有较大的变化，河道沉积物多以砂砾层夹细颗粒物为主，河流边滩沉积物多以黏土质砂为主，为典型的河流二元结构。该层组自下而上由河道—河岸边滩沉积物组成，分别为中粗砂—粉质黏土，本次将其划分为 2 个工程地质层，编号自上而下依次为 5-1、5-2。

第 6 工程地质层组：为第四纪早更新世沉积物，该时期沉积环境发生了突变，由海相变为陆相湖泊相或海陆交互三角洲相，随着湖盆的扩大与收缩其沉积物也相应发生变化，岩性由粗—细—粗的旋回反映沉积环境由滨湖—半深湖—滨湖的变化。由于该时期区内发育多个小型湖泊，由多个小型湖泊联合形成一个大的湖盆，导致区内该层组无论从平面区位上的分布还是垂向上的地层颗粒规律、沉积物均相对杂乱。本次钻探显示沉积物岩性从粉质黏土—粉细砂—中粗砂—砾砂均有揭露，将沉积颗粒按从细—粗的沉积序列划分为 3 个工程地质层，即自上而下的岩性为黏土—粉质黏土与粉细砂互层—中粗砂，编号为 6-1、6-2、6-3。

第 7 工程地质层组：沉积年代为新近纪，沉积演化环境为新生代裂解沉陷阶段，沉积环境为浅海陆棚，其沉积物与沉积环境有很大的关系。从沉积演化分析来看，该层组的沉积物有很明显的标志区分，整体上按照其沉积物颗粒及土类的区别划分为粉质黏土—贝壳碎屑砂—粉质黏土—贝壳砂砾岩，按其岩性自上而下划分为 4 个工程地质层，编号依次为 7-1、7-2、7-3、7-4，其中 7-2 与 7-4 为海口地区普遍分布的第 1、2 层承压含水层。

第 8 工程地质层组：该层组埋深普遍较大，江东新区内仅东南侧的火山岩台地区 100m 深度范围有揭露，其与上覆的海口组有很明显的沉积物变化，同时该层组中海绿石的含量较高导致其颜色上与上覆第 7 层组有很大差异，多为橄榄绿色夹灰色。根据钻孔揭露的岩性特征，参照《岩土工程勘察》（GB 50021—2001，2009 年版）定名分类，划分 3 个工程地质层，分别为 8-1 粉质黏土层、8-2 中粗砂层、8-3 粉细砂与粉质黏土互层。

2. 根据微动探测划分工程地质层

地层岩性、沉积规律都是建立在直观感性认识上，因钻孔间距和钻孔密度控制程度有限，为更好地划分工程地质层组或工程地质层，我们对江东新区内的骨干孔所在剖面上增加了微动探测。

微动探测方法的工作原理及数据处理详见《海口江东新区地下空间开发利用潜力调查评价物探工程成果专题工作报告》，在此仅就该方法所测得相关数据划分的地层推断剖面与上述根据地层岩性和沉积规律划分的工程地质层组、层进行对比分析。微动探测物理方法所采集的数据为岩土层面波速度，获得各层面波频散曲线，根据面波频散曲线上拐点、斜率变化点、频散点疏密变化之处确定分层位置；分层完毕后，再经层速度优化，得到每层的底板埋深、层平均速度和拟合系数。

从微动单点解译效果分析：图 4-1 和图 4-2 分别为微动探测 9 线 94 号点、18 线 160 号点频散波速分层结果，其中蓝色点组成的曲线为实测频散曲线，红色点组成的曲线为人工分层后得到的曲线；阶梯状红色实线纵向对应不同的地层界面深度，横向对应各层的剪切波速；左下角的红色字显示了各地层底界埋深、层厚和层速度；这两个点附近对应钻孔 JDGK85、JDSK6，钻孔岩性资料与微动分层对比见表 4-2 和表 4-3。

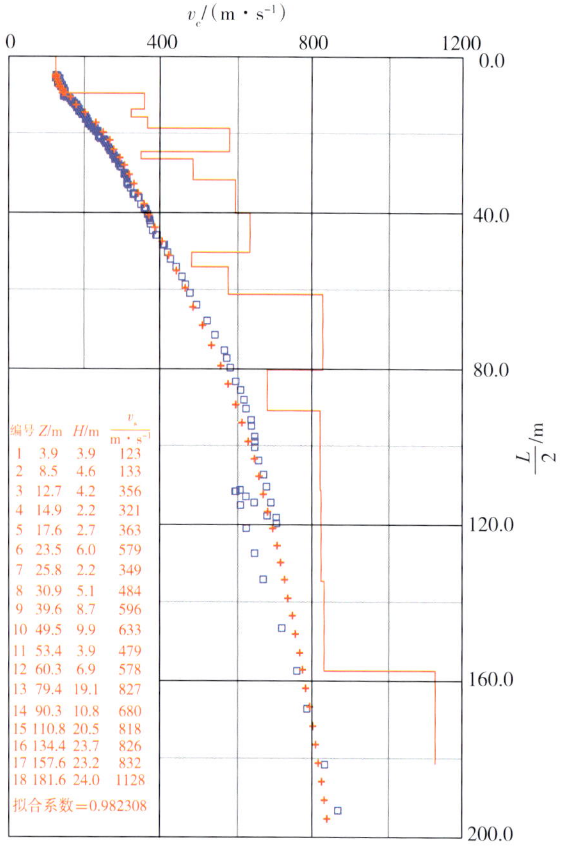

图 4-1 微动探测 9 线 94 号点分层结果

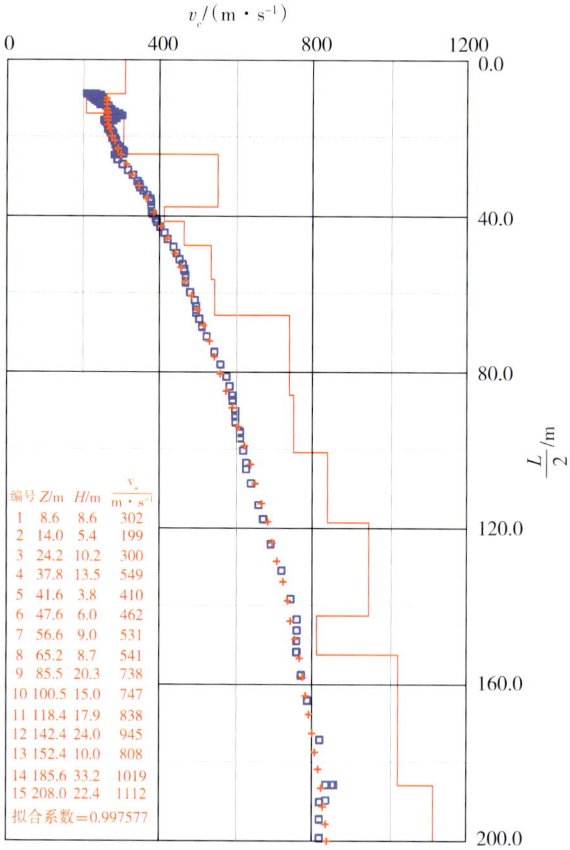

图 4-2 微动探测 18 线 160 号点分层结果

表 4-2　JDGK85 钻孔和微动 9 线 94 号点分层对比表

岩性名称	层底深度/m	
	微动 9 线 94 号点解译结果	JDGK85 钻孔分层数据
粉质黏土	该深度范围数据点密集，说明了地层的复杂性	14
砾砂		21. 1
粉质黏土与粉细砂互层		28. 8
粉质黏土		31. 5
粉细砂	37. 8	37. 8
粉质黏土	41. 6	41. 2
贝壳碎屑砂	47. 6	47. 4
粉质黏土	56. 6	56
贝壳碎屑砂	65. 2	65
粉质黏土	85. 5	85
贝壳碎屑砂	该层薄且深度较大，反映较不明显	86. 7
粉质黏土	100. 5	100. 3

表 4-3　JDSK6 钻孔和微动 18 线 160 号点分层对比表

岩性名称	层底深度/m	
	微动 18 线 160 号点解译结果	JDSK6 钻孔分层数据
素填土	3. 89	3. 50
粉砂	8. 49	8. 40
中砂	12. 69	12. 75
粉质黏土	14. 90	15. 35
粉砂	17. 55	17. 35
粉土	23. 52	23. 70
粉质黏土	25. 76	未分出
	30. 88	
	39. 60	
	49. 50	47. 00
贝壳碎屑岩	53. 40	52. 70
粉质黏土	未分出	77. 70
含贝壳碎屑砾砂	79. 40	79. 70
粉质黏土	90. 25	88. 00
含贝壳碎屑砾砂	110. 75	109. 30
贝壳砂砾岩	未分出	130. 40
砾砂	134. 40	133. 80
粉砂	未分出	148. 30
粉质黏土		154. 30
中砂	157. 60	159. 70

续表

岩性名称	层底深度/m	
	微动 18 线 160 号点解译结果	JDSK6 钻孔分层数据
粉质黏土	未分出	169.15
中砂		173.10
粉质黏土		174.80
中砂	181.60	180.00

经对比分析，发现微动单点的解译与钻孔较为吻合，所以我们在利用微动数据分层时多以单点测试数据来类推拟合，分层结果可信度较高。

同时，从收集的地质、钻孔资料可知，区内岩土体层数众多、层序杂乱、空间分布变化大、物性分布复杂，对比表也显示局部分层效果并不理想，钻孔能揭露的与微动能探测的有一定的差异，即微动探测不可能通过物性差异划分出全部的地层。为此，建议从区域上对地层物性差异较大的层位作为重点地层进行解译和标志划分，重点地层能够反映工作区地下结构整体分布特征，多为含水层，且一般具有厚度较大、分布稳定、与相邻层物性差异较大等特征。

经分析钻孔及收集地质资料，区内海口组各段均具有较大的厚度，且在工作区内大范围分布；三段和一段分别为琼北盆地第 1、2 承压含水层，二、四段为厚层粉质黏土隔水层，岩土性质差异较大；孔中测试剪切波速成果反映海口组一段—四段平均波速分别为 724m/s、657m/s、587m/s 和 490m/s，而上覆的第四系全新统河流相和海相沉积层剪切波平均波速一般小于 180m/s、第四系下更新统沉积层剪切波平均波速一般介于 150~300m/s 之间，差异性也较大，海口组可作为重点地层解译、第四系下更新统与全新统也可以进行区分。

本次孔中测速和微动探测成果显示波速分布整体上是随深度的增加而增大，地层越老波速越大，同一地层内的波速大小也具有一定差异，微动解译能解译出第四系全新统、下更新统、海口组四段 6 个大的层组，在工程地质层组、工程地质层划分时利用微动解译的速度剖面图与钻孔岩性剖面图来相互印证（图 4-3）。

3. 根据静力触探测试划分工程地质层

微动解译对第四系剪切波物性差异较小的地层其解译程度有限，为了更好地对第四系进行分层，本次采取了静力触探试验来结合钻孔对浅层（一般小于 30m）地层进行工程地质层划分。静力触探测试是根据静力触探深度与贯入阻力曲线绘制出土的力学剖面图，并按贯入阻力并层容许变动幅度进行力学分层，在此基础上结合临近的钻孔编录资料进行相互验证，提高分层精度。一般静力触探分层 P_s 贯入阻力容许变动幅度见表 4-4。

表 4-4　P_s 值并层容许变动幅度　　单位：MPa

实测范围值	变动幅度
$P_s \leqslant 1$	±0.1~0.3
$1<P_s \leqslant 3$	±0.3~0.5
$3<P_s \leqslant 6$	±0.5~1

对于一些很薄的交互层或含薄层粉砂土，不按表 4-4 进行分层，应以 $Ps_{max}/Ps_{min} \leqslant 2$ 为分层标准，结合记录曲线的线性和土的类别予以综合考虑；在分层时还需考虑触探曲线中“提前”或“滞后”所反映的问题。当探头由坚硬土层进入松软土层或由松软土层突然进入坚硬土层时，往往出现这种现象，其幅度一般为 10~20cm。

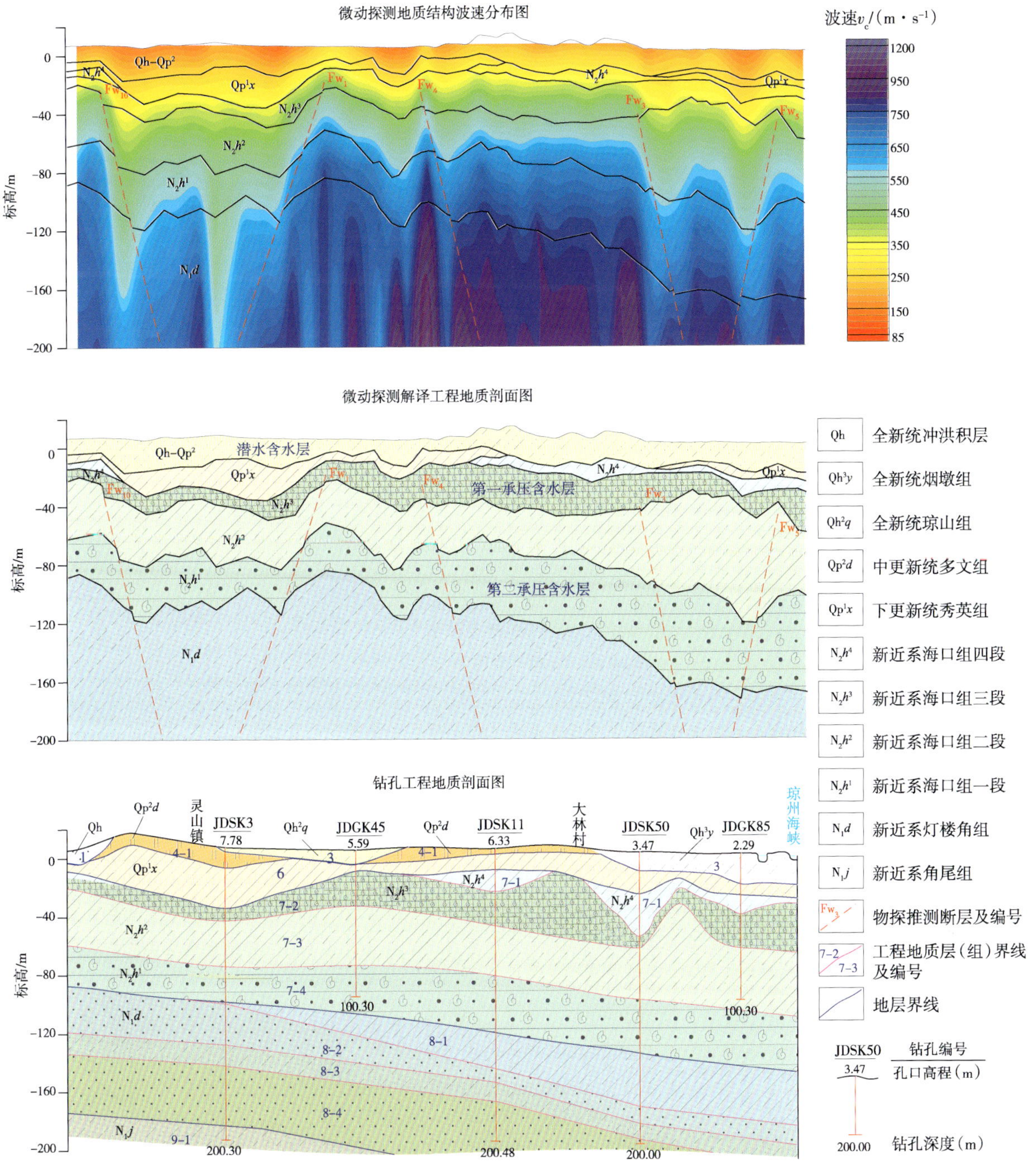

图 4-3　9 号线微动地质综合推断成果与钻孔剖面对比图

图 4-4 为 JDSK22 钻孔附近测试数据，图 4-5 为 JDSK27 钻孔附近测试数据。从单孔的触探试验结果分析，利用锥头阻力和侧阻力能将不同的土类在单孔中很好地区分，特别是对第四系的淤泥质软土与不同密实程度的砂类土、不同状态的黏性土能很好地区分。

从试验效果及数据统计分析可知，区内的不同土类受测试数据量以及沉积环境、人为活动等影响，精确度上有一定的限制，需要结合周边的钻孔进行地层验证。本次考虑到数据精度及测试数量有限，仅对区内重要的工程地质层位、测试数据量较大的层位进行统计分析，各个不同的工程地质层位静力触探测试的结果统计见表 4-5。利用表中数据，结合各工程地质层平面分布规律，后续可利用静力触探对区内 30m 以浅的工程地质层及夹层进行划分。

表 4-5 重要工程地质层层位静力触探试验参数统计表

土的分类	岩性状态	统计点数	锥头阻力/MPa			侧壁摩阻力/kPa			锥头摩阻比 R_f/%			代表工程地质层层位
			最大值	最小值	平均值	最大值	最小值	平均值	最大值	最小值	平均值	
淤泥质粉质黏土	流塑—软塑	16	0.90	0.48	0.60	40.10	6.90	16.13	8.4	1.2	2.8	2-1b、2-3a、3-4
粉质黏土	软塑	12	5.19	1.16	2.36	65.30	10.70	30.38	3.1	0.4	1.5	2-1a、2-4a、3-1
	可塑	29	8.48	1.08	3.17	151.80	25.10	52.08	7.4	0.4	2.4	3-5、5-1、6-1
	硬塑坚硬	5	9.07	4.74	6.81	155.00	79.60	116.50	2.9	1.1	1.8	7-1、7-3
粉细砂	松散、干	10	8.72	0.97	3.57	33.00	8.20	17.50	2.8	0.1	0.8	2-1、2-3
	稍密—中密、湿—饱和	9	13.54	2.69	5.90	151.60	20.40	51.74	1.2	0.5	0.9	3-2、3-4b
	实、饱和	5	19.74	7.80	13.84	182.70	50.30	123.27	1.4	0.3	0.9	3-6、6-1a
中粗砂	松散—稍密、干—稍湿	34	17.29	3.13	7.73	201.50	8.70	67.89	5.5	1.6	1.0	2-2、2-4、3-3、3-4a、5-2
	中密—密实、饱和	14	19.03	4.72	11.03	420.8	20.90	112.49	1.5	0.3	0.7	3-7、6-1b
砾砂	密实	4	28.87	11.63	20.28	223.40	61.40	119.40	1.1	0.3	0.7	3-8
玄武岩残积土	可塑状	16	6.43	1.11	2.73	136.00	14.30	65.27	6.7	0.5	3.2	4-1
	砂砾状	5	5.29	2.45	4.03	135.00	12.10	74.08	3.6	0.3	2.0	4-2

注：因火山岩台地区地层岩性较其他区位有明显区别，故将其残积土进行单独统计；此外，对一些明显异常的值进行了剔除。

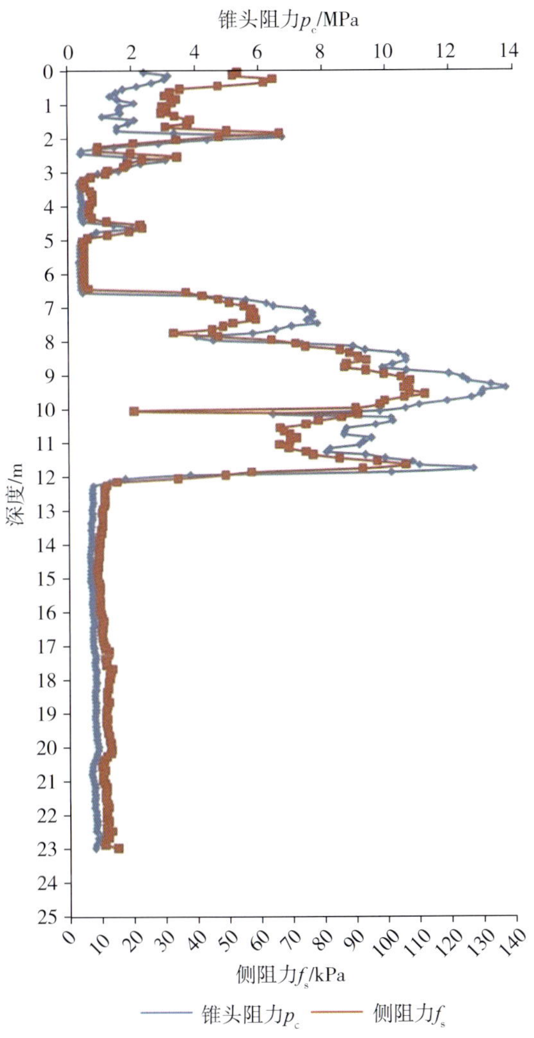

图 4-4　JDSK22 钻孔静力触探试验曲线

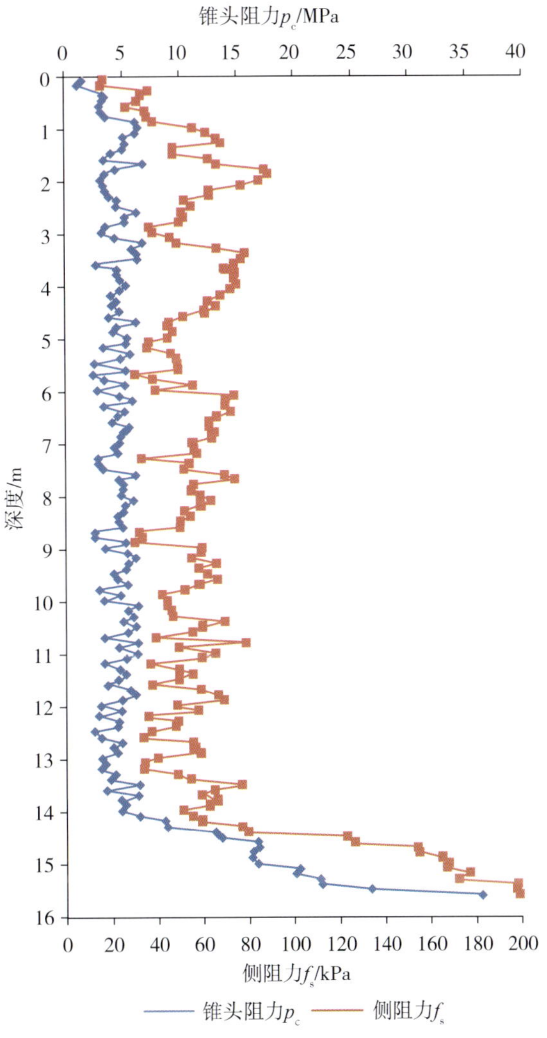

图 4-5　JDSK27 钻孔静力触探试验曲线

（三）工程地质夹层

因江东新区内沉积环境复杂、沉积演化历史悠久、各类大小河流穿插、北侧临近琼州海峡，河道不断变迁、古湖盆随着构造升降扩大缩小、海岸线进退变化等原始地貌变化较大，区内的小河流、河床、冲沟、滨海沙堤等各类微地貌较发育，在工程地质层中一般夹有空间分布上连续性较差、分布范围较小的层位，我们将其划分为工程地质夹层，夹层代号按“所属层代号+小写英文字母 a、b、c、……”依次进行编号。

第 1 工程地质层组：因局部受地形变化、河流发育（河流截弯取直形成牛轭湖）的影响，形成水动力条件相对较弱淤积的淤泥质土、淤泥质砂或粉细砂等地层，考虑到其分布零散、延展性和稳定性均较差，划分为工程地质亚层，并根据钻孔揭露的上下层岩性接触关系，将其划分为隶属于上一层级的工程地质层的工程地质夹层。本次该层组内仅 1-2 层粉细砂内夹有一层淤泥质粉质黏土，编号 1-2a。

第 2 工程地质层组：在海岸线的进退变迁过程中，区位上河流入海口的不断变化，在局部形成的滨海潟湖、海湾等水动力条件较弱区域，慢慢淤积有粉质黏土、淤泥质粉质黏土等分布较为零散、土层延伸和稳定性均较差的层位，将其划分为工程地质夹层，根据钻孔岩性的上下层岩性隶属于上一层级的工程地质层。该层组内 2-1 粉细砂层、2-3 粉细砂层中分别零星夹有粉质黏土、淤泥质粉质黏土层，按上下接触关系及揭露顺序的依次编号为2-1a、2-1b、2-3a、2-3b、2-4a。

第3工程地质层组：受局部地形变化、河口三角洲河流入海口不断变迁、河床及河流阶地不断变化或极端水文年时的河道冲刷、沉积作用、河流上下游的沉积颗粒变化等因素影响，本层组的第3-4层淤泥质粉质黏土工程地质层中，间夹有淤泥质粉细砂、粉细砂、中粗砂等分布零散、延伸稳定性和规律性较差的工程地质层位，按钻孔揭露岩性自上而下划分为3-4a中粗砂、3-4b粉细砂两个层位。

第4工程地质层组：该层组所划分的工程地质层中，因玄武岩的差异风化，在4-1粉质黏土层中常常易形成风化程度较低的球状风化孤石，其工程力学性质与4-1工程地质层有很大差异，同时其稳定性很差，对工程建设影响较大，我们将其划分为编号4-1a工程地质夹层。

第5工程地质层组：本层组沉积环境及沉积相相对较为单一，本次钻探未发现有工程地质夹层。

第6工程地质层组：因本层组为河流、湖泊、滨海潮坪相等各种水动力交互作用很强的沉积环境，导致该层组常常存在黏土层包夹砂土团或者砂土层中包夹黏土团的现象，结合工程地质层分布的主次关系，将那些分布连续性较差、成透镜体状分布于工程地质层中的层位划分为工程地质夹层。在6-1黏土层中夹有粉细砂、中粗砂，编号分别为6-1a、6-1b；在6-2粉质黏土与粉细砂互层中夹有中粗砂，编号为6-2a。

第7工程地质层组：因海口组沉积时间长，沉积物颗粒在不同阶段受海平面短期上升或下降的影响，对应着沉积颗粒、沉积物也存在短时间的变化，所以在粉质黏土中可能夹有薄层的贝壳碎屑砂，在贝壳碎屑砂（砂砾岩）中也会夹有薄层的粉质黏土层，我们将这些呈透镜体状存在于工程地质层中的层划分为工程地质夹层。根据本次钻孔揭露的岩性对比分析，在7-1粉质黏土层中夹有粉细砂，编号为7-1a；在7-2贝壳碎屑砂层中夹有粉质黏土，编号7-2a；在7-3粉质黏土层中夹有贝壳碎屑砂，编号7-3a；在7-4贝壳砂砾岩层中夹有粉质黏土，编号7-4a。

第8工程地质层组：考虑到本层组埋深较大、揭露范围有限，各层组工程地质力学性质差异相对较小、本次揭露钻孔及岩性相对变化较小，未划分工程地质夹层。

五、相关问题的处理及建议

（一）标准化时的问题及建议

在进行本次工程地质层标准化的过程中，根据钻孔揭露的层位也存在着一些问题和争议，主要体现在：

1）第四系全新统与烟墩组的野外岩性鉴别：两个工程地质层组岩性感官认识上一样，多为浅灰—黄色砂类土，受沉积环境影响其颗粒级配及物质成分可能稍有区别，但局部河流入海口与滨海岸线处就会存在很大的认识差异，如何区分？

2）琼山组与秀英组的野外岩性鉴别：局部秀英组的杂色黏土标志层缺失时，其下部沉积的砂类土与琼山组第二个沉积韵律如何鉴别？

3）北海组与秀英组：局部地段因北海组铁质结核含量较少、粉黏粒含量较高而秀英组杂色黏土层又缺失时，如何能够很好地区分层位？

4）秀英组中段的粉质黏土与粉细砂互层当底部的中粗砂缺失、颜色上稍纯以灰色系为主时，如何与海口组四段的粉质黏土区分？

5）海口组二段与四段中间夹有的贝壳含量较高的、有一定胶结的层位如何划分？对胶结的这些类似于一段、三段的层位反复出现时如何处理？

6）针对上述这些问题，为保证统一认识，项目组在组织了两次包括基础地质、水工环地质及岩土工程等专业的专家进行研讨，最后形成意见及处理方式如下：

a. 以区域地质图地质界线为基础，野外第四系微地貌仔细鉴别分析，结合钻探的岩芯认真比对，因海相沉积的烟墩组颗粒相对均匀、含少许海相的贝壳或生物痕迹类。

b. 征求基础地质专家意见，在河口三角洲地段，秀英组分布相对不连续、规律性受河流影响也较差，且秀英组中卵、砾石含量和颗粒没有琼山组的多、大，同时因现行规范液化判别对地质年代的要求（琼山组须判别液化、秀英组无须判别），从岩土安全的角度出发，当此类问题出现时结合区域地质调查成果、周边钻孔地层对比后确认，多以划归琼山组为主、秀英组为辅。

c. 以含砂量多少或颗粒级配来进行初步划分，整体上北海组不会太厚，在出现北海组标志信息后，由上至下仔细对比岩芯观察颗粒变化，相对来说北海组的颗粒两极分化（以粗粒、粉黏粒为主，中间粒度相对较小），秀英组颗粒级配较好各个粒径分布较为均匀；建议后期对这两组地层进行专项的沉积成因规律、沉积物、化石类型、年龄等进行专项研究以便更好地区分。

d. 从区位上分析，秀英组相对来说颜色较海口组稍偏浅、偏灰白一些，同时其状态上较海口组要软，局部海口组四段含有少许的点状、碎片状的贝壳碎屑，秀英组整体地层较海口组四段要杂，同时在对比周边临近标志明显的钻孔进行确认。

e. 此类问题出现时一般层位埋深较大，对工程建设影响有限，同时海口组一、三段为典型的含水层，将工程地质层与水文地质层进行综合分析考虑，含水层的分布也有其一定的规律性、连续性，海相沉积地层起伏不会很大、局部的潟湖相可能有所差异，结合周边的含水层标志明显的层位对比分析确认，当连续性较差时多可以以透镜体形式划分。

7）建议：上述问题中1~4项问题主要集中在第四系中，因此建议后期对区内的第四系地质进行专项研究，从微地貌、地形、地层沉积环境演化、沉积物粒度及成分分析、化石孢粉类型、年龄测定等多方面收集相关的证据，便于以后更好地区分工程地质层位；第5项问题对工程地质应用的角度影响有限，建议从含水层的角度进行专项分析研究。

（二）后续应用可能存在的问题及处理建议

从划分的工程地质层及工程地质夹层可以看出，很多层位的岩性定名上与现行的《岩土工程勘察规范》（GB 50021—2009）及《土工试验方法标准》（GB/T 50123—1999）的土类定名有所出入，像砂类土划分时往往出现粉细砂、中粗砂、粉质黏土与粉细砂互层这类混合的定名及岩石风化层划分时没有强风化岩石、黏性土的粉质黏土与黏土、软土的淤泥质粉质黏土与淤泥质黏土，而在实际的岩土工程勘察应用中，往往要细分到粉砂、细砂、中砂、粗砂这类土类名称，这就会出现数据录入建库时出现出入，考虑到后期地质信息管理平台与具体项目的勘察成果有效融合，建议后期入库时对其工程地质层按主层录入，比如粉细砂都划分为工程地质层，但为了区分、同时与工程地质夹层有所区分，可以划分其为工程地质层的亚层进行编号，编号按“所属层代号+大写英文字母A、B、C、……”依次进行编号。

六、划分结果

通过对上述划分依据及钻探、物探、静力触探、原位测试等成果综合分析，同时结合本次所采样品的试验数据统计分析，将江东新区地下空间100m深度范围内工程地质标准层共划分为9个工程地质层组（层组编号0~8）、34个工程地质层、17个工程地质夹层。具体各层组、层及夹层的基本特征见表4-6。

表 4-6　江东新区工程地质标准层划分及其基本特征一览表

年代地层		岩石地层		沉积相	工程地质层			定名	颜色	黏性土含水率（%）或砂类土湿度	黏性土状态（砂类土密实度）	压缩指标		直接剪切指标		透水性分级	地基承载力特征值/kPa
		组	代号		层组	层	夹层					压缩模量（Es）/MPa	压缩系数（α）	黏聚力（C）/kPa	内摩擦角（φ）/（°）		
第四系	全新统		Q^{ml}	人工填土	0	0		填土		22.34	松散—稍密状	6.02	0.36	42.65	17.50		
			Qh	冲洪积相	1	1-1		粉质黏土	褐、褐黄色		可塑状						
						1-2		粉细砂	灰黄色	稍湿—饱和	松散—稍密状						90~150
							1-2a	淤泥质粉质黏土	灰黑—深灰色		软塑—流塑状						50~70
						1-3		中粗砂	灰白、灰黄色	饱和	稍密—中密状						100~150
						1-4		砾砂	灰白、灰黄色	饱和	稍密—中密状						150~200
		烟墩组	Qh^3y	海岸相	2	2-1		粉细砂	灰白、灰黄色	稍湿—饱和	松散—稍密状	16.43	0.14	34.10	29.00	中等	100~150
							2-1a	粉质黏土	灰黑—浅灰色夹杂浅黄色	28.67	软—可塑状	6.96	0.28	21.65	17.00		90~130
							2-1b	淤泥质粉质黏土	灰黑—深灰色	47.50	软塑—流塑状	2.35	1.01	13.45	3.50		50~80
						2-2		中粗砂	灰黄、灰白色	稍湿—饱和	松散—稍密状	14.58	0.10			中等	100~250
						2-3		粉细砂	灰、灰黄色	湿—饱和	松散—稍密状	10.38	0.17	17.60	24.75	中等	100~160
							2-3a	淤泥质粉质黏土	灰黑—深灰色	44.74	软塑—流塑状	3.24	1.01	15.59	5.87		60~80
							2-3b	粉质黏土	浅灰、棕黄色	28.03	软—可塑状	7.33	0.27	33.40	12.50		100~190
						2-4		中粗砂	浅灰、灰黄、灰白色	饱和	稍密—中密状	7.29	0.22	6.60	23.00	中等	150~210
							2-4a	粉质黏土	浅灰、灰色	33.43	软塑—可塑状	4.43	0.51	19.30	5.00		120~140

续表

年代地层		岩石地层		沉积相	工程地质层			定名	颜色	黏性土含水率（%）或砂类土湿度	黏性土状态（砂类土密实度）	压缩指标		直接剪切指标		透水性分级	地基承载力特征值/kPa
		组	代号		层组	层	夹层					压缩模量（E_s）/MPa	压缩系数（α）	黏聚力（C）/kPa	内摩擦角（φ）/（°）		
第四系	全新统	琼山组	Qh^2q	河流三角洲相	3	3-1		粉质黏土	浅灰、棕黄色	26.96	软—可塑状	8.04	0.24	29.70	13.38		100~150
						3-2		粉细砂	灰白、灰黄色	稍湿—饱和	松散—稍密状	17.74	0.10	21.25	26.00		100~160
						3-3		中粗砂	灰黄、灰白色	稍湿—饱和	松散—稍密状	9.66	0.19				130~200
						3-4		淤泥质粉质黏土	灰黑—深灰色	46.79	软塑—可塑状	3.06	1.10	16.92	6.68		50~90
							3-4a	中粗砂	灰白、灰黄色	饱和	稍密—中密状	17.73	0.08				150~200
							3-4b	粉细砂	灰—深灰色	饱和	松散—稍密状	19.99	0.31	22.70	12.50		100~160
						3-5		粉质黏土	深灰—浅灰色	32.70	软—可塑状	10.08	0.25	31.67	11.13		90~170
						3-6		粉细砂	灰黄色	饱和	稍密—中密状	11.35	0.14				100~180
						3-7		中粗砂	灰、灰黄色	饱和	稍密—中密状	20.61	0.08	9.30	30.00		160~300
						3-8		砾砂	灰白、灰黄、褐黄色	饱和	中密—密实状	5.27	0.33	24.40	8.00		180~300
	中更新统	多文组	Qp^2d	喷发-溢流相	4	4-1		粉质黏土	浅灰、红褐色	49.22	可塑状	9.34	0.33	45.56	15.80		120~260
							4-1a	中风化玄武岩	灰、褐灰色		岩芯破碎呈砼块状、短柱状						/
						4-2		碎石土	灰、褐灰色	52.20	岩芯极破碎呈砂砾状、硬土夹碎石状、碎块状	12.86	0.29	40.54	18.00		110~260
						4-3		中风化玄武岩	灰、褐灰色	47.73	岩芯破碎呈碎块状、短柱状						1500~2000
		北海组	Qp^2b	冲洪积相	5	5-1		粉质黏土	浅灰、褐黄红色	22.99	可塑—硬塑状	9.16	0.26	48.63	15.00		130~180
						5-2		中粗砂	灰白、褐黄红色	饱和	稍密—中实状	9.38	0.17	35.30	29.00	中等	150~230

续表

年代地层		岩石地层		沉积相	工程地质层			定名	颜色	黏性土含水率（%）或砂类土湿度	黏性土状态（砂类土密实度）	压缩指标		直接剪切指标		透水性分级	地基承载力特征值/kPa
		组	代号		层组	层	夹层					压缩模量（Es）/MPa	压缩系数（α）	黏聚力（C）/kPa	内摩擦角（φ）/（°）		
第四系	下更新统	秀英组	Qp^1x	湖泊河流	6	6-1		黏土	灰白、红褐色	45.81	软塑—可塑状	7.89	0.55	39.21	10.11		100~280
				滨海潮坪			6-1a	粉细砂	灰白、红褐色	饱和为主	稍密—中密状	18.74	0.09	14.33	31.75	强	100~220
							6-1b	中粗砂	灰白、灰黄色	饱和	中密—密实状	17.26	0.10	10.50	25.00	强	150~260
						6-2		粉质黏土与粉细砂互层	灰白、红褐色	28.05	粉质黏土呈可塑状，粉细砂呈中密—密实状	12.44	0.22	39.78	14.79		150~180
							6-2a	中粗砂	橘黄、灰白色	饱和	稍密—中密状					强	140~250
						6-3		中粗砂	灰绿、灰黄色	饱和	稍密—中密状					强	180~260
新近系	上新统	海口组	N_2h^4	浅海相	7	7-1		粉质黏土	灰—深灰色	33.24	可塑—硬塑状	21.24	0.14	79.19	22.56		220~450
							7-1a	粉细砂	浅灰白、褐黄色	饱和	中密—密实状	13.91	0.21	55.25	28.88	中等	160~280
			N_2h^3	滨海相		7-2		贝壳碎屑砂	灰白、褐黄色	饱和	浅部稍密—中密状，中部及以下呈中密—密实状	18.90	0.15	72.36	30.77	中等	180~450
							7-2a	粉质黏土	灰—深灰色	25.94	硬塑状为主	28.76	0.09	101.99	28.67		250~500
			N_2h^2	滨浅海相		7-3		粉质黏土	灰—深灰色	23.65	硬塑状为主	31.92	0.07	112.45	29.46		250~500
							7-3a	贝壳碎屑砂	灰白、褐黄色	饱和	密实状	24.53	0.10	70.86	33.38	中等	180~450
			N_2h^1	滨海相		7-4		贝壳砂砾岩	浅灰白、褐红色	17.82	岩芯呈短柱状、碎块状	14.85	0.13	33.80	34.00	中等	500~800
							7-4a	粉质黏土	灰色	24.25	坚硬状	28.67	0.07	115.57	32.00		350~450
	中新统	灯楼角组	N_1d	浅海相	8	8-1		粉质黏土	灰—深灰色	24.86	可塑—硬塑状	24.31	0.09	82.68	23.78		350~500
						8-2		中粗砂	灰、灰绿色	饱和	密实状	16.51	0.11	78.50	24.00	中等	300~500
						8-3		粉细砂与粉质黏土互层	灰、灰绿色	23.29	粉细砂呈密实状，粉质黏土呈坚硬状	15.77	0.15	85.40	22.50		300~450

第二节　工程地质层空间分布特征

根据江东新区各勘探孔信息、物探、静力触探、岩矿测试、工程地质标准层特征、物理力学性质指标等数据研究分析结果，对区内各工程地质层的空间展布特征进行了总结。

一、第 0 工程地质层组

第 0 工程地质层组一般为素填土（Q^{ml}），主要分布于海岸防波堤、河岸防洪堤、水库大坝、江东大道、白驹大道、鱼虾养殖塘、部分生活区等区域（图 4-6）。填土由天然土经人为扰动和搬运堆填组成，主要由粉质黏土、中细砂、碎石块等组成，干—稍湿，松散—稍密状，土质不均匀。填土厚度最大位于水库大坝，一般大于 4.0m，总体厚度为 0.30~9.20m，平均 1.75m，层组顶面标高 0.30~9.20m。

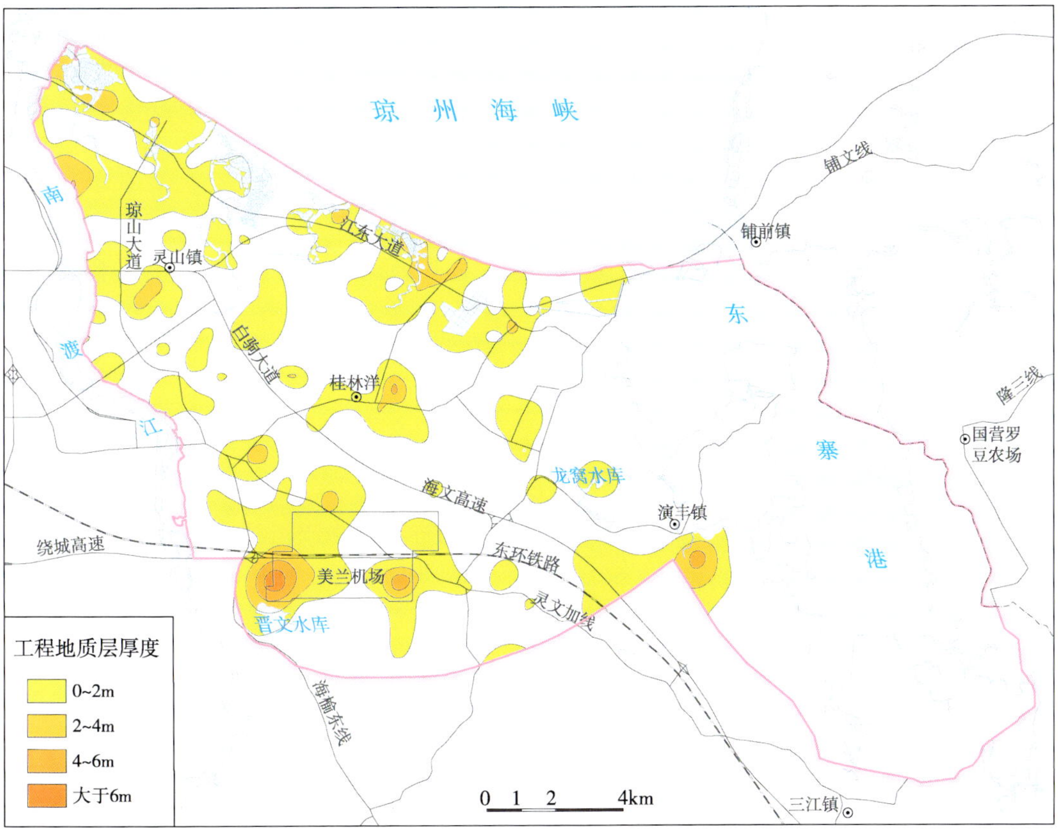

图 4-6　江东新区第 0 工程地质层组空间分布图

二、第 1 工程地质层组

第 1 工程地质层组小范围分布于南渡江沿岸上，为第四系全新统（Qh）的松散沉积物。岩性一般具二元结构，颗粒自上而下逐渐增大。据钻孔资料，区内岩性主要以褐黄、浅灰色粉质黏土、中粗砂、粉细砂、砾砂为主，局部夹深灰、灰黑色淤泥质粉质黏土。层厚 3.00~14.80m，平均 7.56m；层顶标高 3.13~7.11m，平均 4.68m；层顶埋深 3.13~7.11m，平均 4.68m。该层组可划分为 4 个工程地质层和 1 个夹层，分述如下。

（1）第 1-1 工程地质层（粉质黏土）

第 1-1 工程地质层分布于美庄村东侧，紧靠南岳溪西侧个别地段。岩性为粉质黏土，褐、褐黄色，可塑状，主要成分为粉粒、黏粒。切面稍有光泽，干强度中等，韧性中等。层厚 1.40~2.00m，平均 1.70m；层顶标高 3.13~3.31m，平均 3.22m。

（2）第 1-2 工程地质层（粉细砂）

第 1-2 工程地质层分布于南渡江沿岸个别地段。岩性为粉细砂，灰黄色，稍湿—饱和，松散—稍密状，次圆状，级配良好，主要矿物为石英、长石，颗粒以细粒为主，次为中粒，黏粒含量 3%~5%。层厚 0.90~10.10m，平均 5.50m；层顶标高-2.40~4.05m，平均 0.83m；层顶埋深 0.90~8.40m，平均 4.65m。

（3）第 1-2a 工程地质夹层（淤泥质粉质黏土）

第 1-2a 工程地质夹层分布于南渡江沿岸东侧个别地段，呈透镜体状产出于 1-2 工程地质层中。岩性为淤泥质粉质黏土，灰黑—深灰色，软塑—流塑状，主要成分为粉粒、黏粒，含有机质，具微泥臭味。层厚 1.00~5.10m，平均 3.30m；层顶标高-5.65~3.43m，平均 0.20m；层顶埋深 0~9.70m，平均 3.78m。

（4）第 1-3 工程地质层（中粗砂）

第 1-3 工程地质层分布于南渡江沿岸个别地段。岩性为中粗砂，灰白、灰黄色，饱和，稍密—中密状，次圆状，级配良好，主要矿物为石英、长石，颗粒以中粒、粗粒为主，次为砾粒，黏粒含量 3%~10%。层厚 1.70~10.90m，平均 6.30m；层顶标高-12.50~7.11m，平均-2.69m；层顶埋深 0~18.50m，平均 9.25m。

（5）第 1-4 工程地质层（砾砂）

第 1-4 工程地质层分布于南渡江沿岸个别地段。岩性为砾砂，灰白、灰黄色，饱和，稍密—中密状，次圆状，级配良好，主要矿物为石英、长石，颗粒以粗粒为主，次为砾粒，黏粒含量 3%~5%。层厚 2.30m，层顶标高-14.20m，层顶埋深 20.20m。

三、第 2 工程地质层组

第 2 工程地质层组分布于东营西北至振家社区以北沿海沙堤一带及桂林洋经济开发区至五一社区—迈进社区以北地区，为全新统烟墩组海岸相沉积。岩性主要为浅灰、灰黄、灰白色粉细砂、中粗砂，普遍含贝壳碎屑，局部夹粉质黏土或淤泥质粉质黏土，剖面上呈现两个沉积旋回，粉细砂和中粗砂交互出现。地貌上构成滨海平原的上部，并组成沿海沙堤、阶地等。该层组在区域上厚度变化较大，最大厚度集中于起步区—振家社区一带，部分地段厚度大于 16m，往西北和东南两侧逐渐减薄。层厚 0.80~22.60m，平均 9.14m；层顶标高-3.50~17.55m，平均 2.36m；层顶埋深 0~9.20m，平均 0.98m。

该层组可划分为 4 个工程地质层和 5 个夹层，分述如下。

（1）第 2-1 工程地质层（粉细砂）

第 2-1 工程地质层分布于东营西北至振家社区以北沿海沙堤一带局部地段（图 4-7）。岩性为粉细砂，灰、灰白、灰黄色，稍湿—饱和，松散—稍密状，次棱角—次圆状，级配不良，主要矿物为石英、长石，颗粒以细粒为主，次为中粒，含极少量贝壳碎屑，局部富集黏粒，黏粒含量一般小于 3%。层厚 0.80~12.05m，平均 3.33m；最大厚度集中于振家社区以北，大于 8.00m，其他地段一般 1.00~2.00m。层顶标高-4.11~5.32m，平均 2.20m；层顶埋深 0~8.15m，平均 1.30m。

（2）第 2-1a 工程地质夹层（粉质黏土）

第 2-1a 工程地质夹层分布于桂林洋经济开发区—五一社区—迈进社区以北地区个别地段。岩性为粉质黏土，灰黑—浅灰色，夹杂浅黄色，软—可塑状，主要成分为粉粒、黏粒，局部夹薄层粉

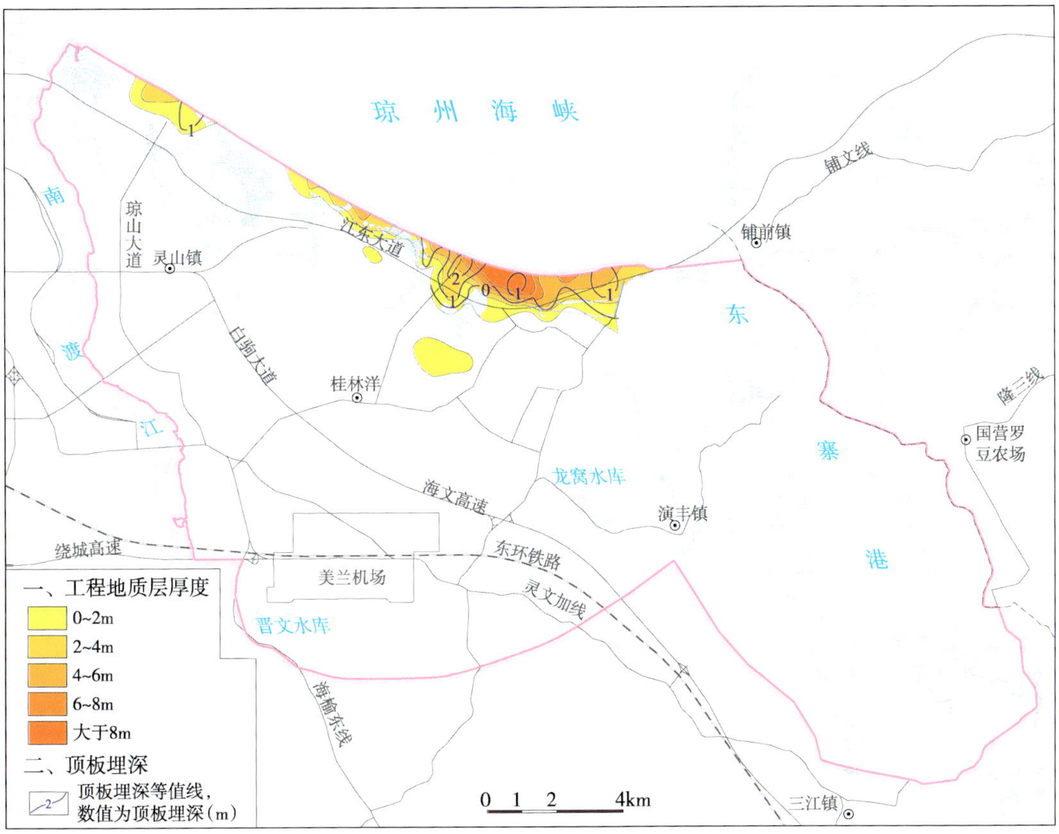

图 4-7　江东新区第 2-1 工程地质层空间分布图

细砂和少量腐殖质，具微泥臭味。切面稍有光泽，干强度高，韧性高。层厚 0.60～7.00m，平均 2.65m；层顶标高-2.46～4.80m，平均 1.84m；层顶埋深 0～6.50m，平均 0.81m。

（3）第 2-1b 工程地质夹层（淤泥质粉质黏土）

第 2-1b 工程地质夹层分布于桂林洋经济开发区—五一社区—迈进社区以北地区个别地段。岩性为淤泥质粉质黏土，灰黑—深灰色，软塑—流塑状，主要成分为粉粒、黏粒，局部砂粒含量较高，含腐殖质，具泥臭味。层厚 1.10～10.20m，平均 3.57m；层顶标高-2.42～2.11m，平均 0.22m；层顶埋深 0～5.90m，平均 2.28m。

（4）第 2-2 工程地质层（中粗砂）

第 2-2 工程地质层分布于东营西北至振家社区以北沿海沙堤一带大部分地段（图 4-8）。岩性为中粗砂，浅灰、灰黄、灰白色，稍湿—饱和，松散—稍密状，次棱角—次圆状，级配不良，主要矿物为石英、长石，颗粒以中粒为主，次为粗粒，含极少量贝壳碎屑，局部富集黏粒，黏粒含量一般小于 3%。层厚 0.70～7.60m，平均 2.91m；层顶标高-4.94～6.26m，平均 0.86m；层顶埋深 0～8.40m，平均 2.54m。

（5）第 2-3 工程地质层（粉细砂）

第 2-3 工程地质层分布于起步区大部分地段。岩性为粉细砂，灰、灰白、灰黄色，湿—饱和，松散—稍密状，次棱角—次圆状，级配不良，主要矿物为石英、长石，颗粒以细粒为主，次为中粒，局部富集黏粒，黏粒含量一般小于 3%。层厚 0.60～7.90m，平均 2.78m；层顶标高-5.12～4.85m，平均-0.06m；层顶埋深 0～9.10m，平均 3.68m。

（6）第 2-3a 工程地质夹层（淤泥质粉质黏土）

第 2-3a 工程地质夹层分布于起步区至振家社区以北沿海沙堤一带部分地段。岩性为淤泥质粉质黏土，灰黑—深灰色，软塑—流塑状，主要成分为粉粒、黏粒，局部夹薄层粉细砂，含有机质，

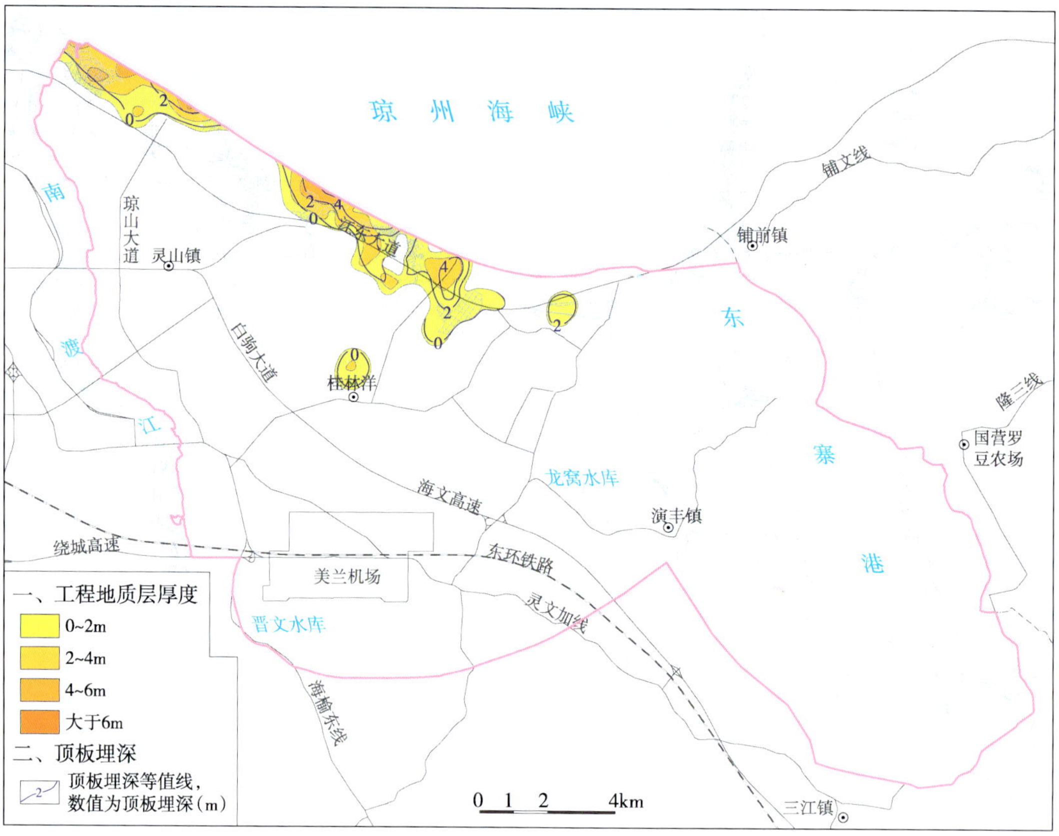

图 4-8　江东新区第 2-2 工程地质层空间分布图

具微泥臭味。层厚 0.65~11.60m，平均 4.43m；层顶标高-8.38~3.10m，平均-1.74m；层顶埋深 0~11.30m，平均 5.40m。

（7）第 2-3b 工程地质夹层（粉质黏土）

第 2-3b 工程地质夹层分布于起步区个别地段。岩性为粉质黏土，浅灰、灰白、棕黄色，软—可塑状，主要成分为粉粒、黏粒，局部砂粒含量较高。切面稍有光泽，干强度中等，韧性中等。层厚 1.15~5.90m，平均 2.98m；层顶标高-7.50~-0.42m，平均-2.22m；层顶埋深 2.70~8.60m，平均 5.99m。

（8）第 2-4 工程地质层（中粗砂）

第 2-4 工程地质层分布于起步区大部分地段（图 4-9）。岩性为中粗砂，浅灰、灰黄、灰白色，饱和，稍密—中密状，次棱角—次圆状，级配不良，主要矿物为石英、长石，颗粒以中粒为主，次为粗粒，局部富集黏粒和少量砾卵石，黏粒含量一般小于 3%。层厚 0.90~12.65m，平均 5.27m；层顶标高-15.48~3.44m，平均-3.55m；层顶埋深 0~18.40m，平均 7.16m。

（9）第 2-4a 工程地质夹层（粉质黏土）

第 2-4a 工程地质夹层分布于起步区局部地段。岩性为粉质黏土，浅灰、灰色，软塑—可塑状，主要成分为粉粒、黏粒，局部砂粒含量较高。切面稍有光泽，干强度中等，韧性中等。层厚 1.00~3.10m，平均 2.14m；层顶标高-11.52~-1.24m，平均-4.66m；层顶埋深 5.35~15.10m，平均 8.76m。

四、第 3 工程地质层组

第 3 工程地质层组分布于群山村—红丰村—大昌村以西、南渡江以东大片地区，为全新统琼山

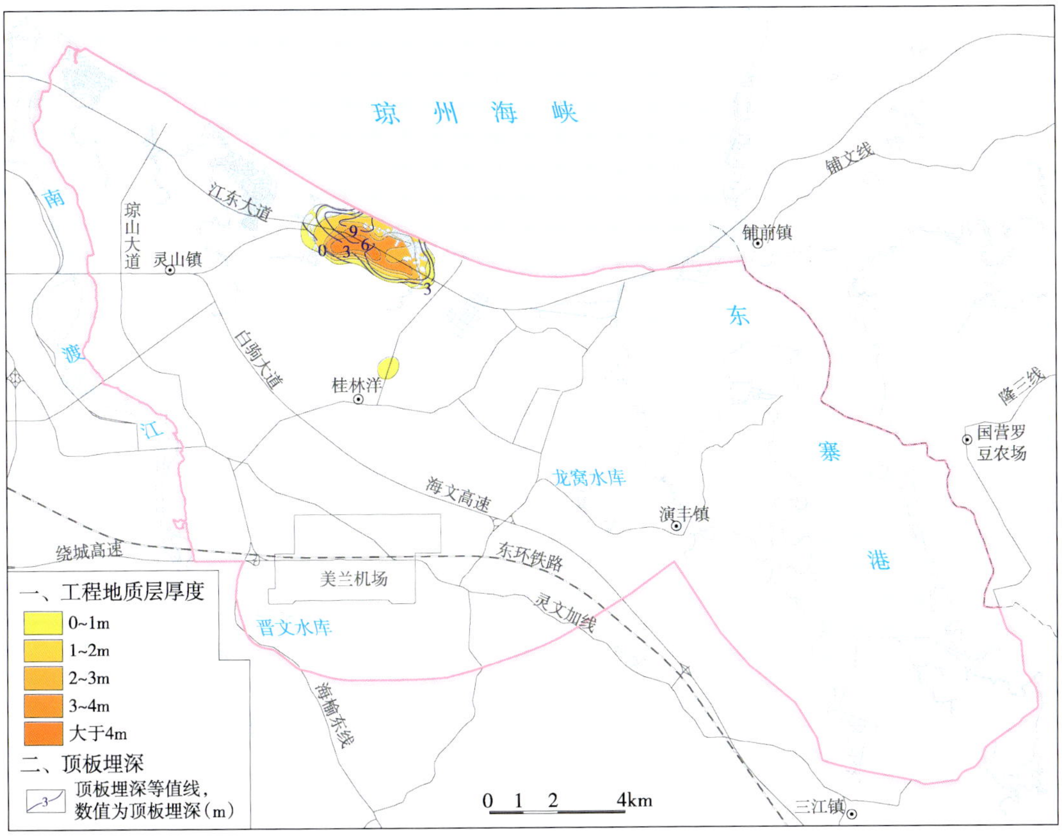

图 4-9　江东新区第 2-4 工程地质层空间分布图

组的河流三角洲相沉积。岩性主要为浅灰、灰黑、灰黄、灰白色粉质黏土、淤泥质粉质黏土、粉细砂、中粗砂、含卵石砾石，其中淤泥质粉质黏土部分地段夹有粉细砂或中粗砂，地貌上主要呈现河流出海口三角洲平原区，沿海一带表现为滨海堆积平原区。该层组在区域上厚度起伏较大，呈分散式集中，揭露最大厚度为 39. 8m。层厚 0. 40 ~ 39. 80m，平均 19. 52m；层顶标高 -8. 80 ~ 7. 77m，平均 1. 89m；层顶埋深 0 ~ 10. 80m，平均 1. 63m。

该层组可划分为 8 个工程地质层和 2 个夹层，分述如下。

（1）第 3-1 工程地质层（粉质黏土）

第 3-1 工程地质层分布于群山村—红丰村—大昌村以西，南渡江以东局部地段（图 4-10）。岩性为粉质黏土，浅灰、灰白、棕黄色，软—可塑状，主要成分为粉粒、黏粒，局部砂粒含量较高。切面稍有光泽，干强度中等，韧性中等。层厚 0. 60 ~ 9. 00m，平均 2. 23m；层顶标高 -2. 93 ~ 7. 77m，平均 3. 63m；层顶埋深 0 ~ 4. 63m，平均 0. 43m。

（2）第 3-2 工程地质层（粉细砂）

第 3-2 工程地质层分布于群山村—红丰村—大昌村以西、南渡江以东局部地段（图 4-11）。岩性为粉细砂，灰、灰白、灰黄色，稍湿—饱和，松散—稍密状，次圆状，级配良好，主要矿物为石英、长石，颗粒以细粒为主，次为中粒，局部富集黏粒，黏粒含量一般 5% ~ 15%。层厚 0. 80 ~ 8. 80m，平均 2. 95m；层顶标高 -1. 75 ~ 5. 46m，平均 2. 59m；层顶埋深 0 ~ 4. 90m，平均 1. 35m。

（3）第 3-3 工程地质层（中粗砂）

第 3-3 工程地质层分布于群山村—红丰村—大昌村以西、南渡江以东大部分地段（图 4-12）。岩性为中粗砂，浅灰、灰黄、灰白色，稍湿—饱和，松散—稍密状，次棱角—次圆状，级配良好，主要矿物为石英、长石，颗粒以中粒为主，次为粗粒，黏粒含量一般 3% ~ 10%。层厚 0. 75 ~ 12. 70m，平均 5. 54m；层顶标高 -6. 63 ~ 6. 11m，平均 1. 16m；层顶埋深 0 ~ 9. 10m，平均 2. 46m。

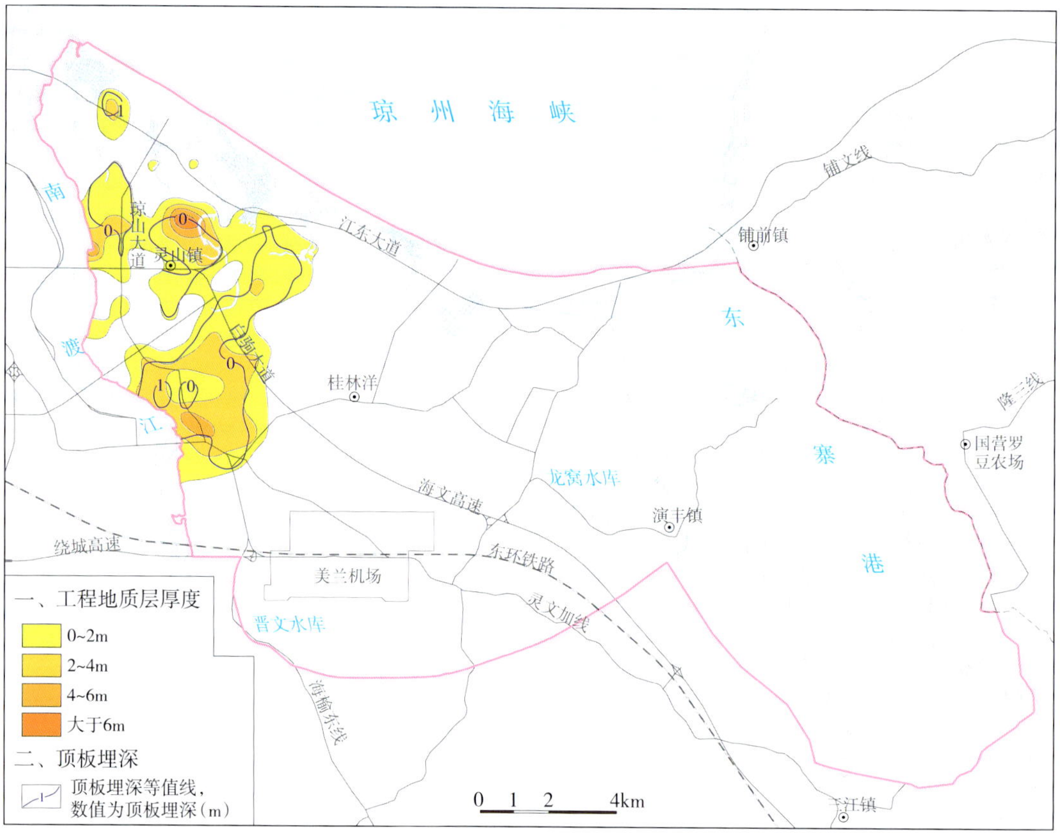

图 4-10 江东新区第 3-1 工程地质层空间分布图

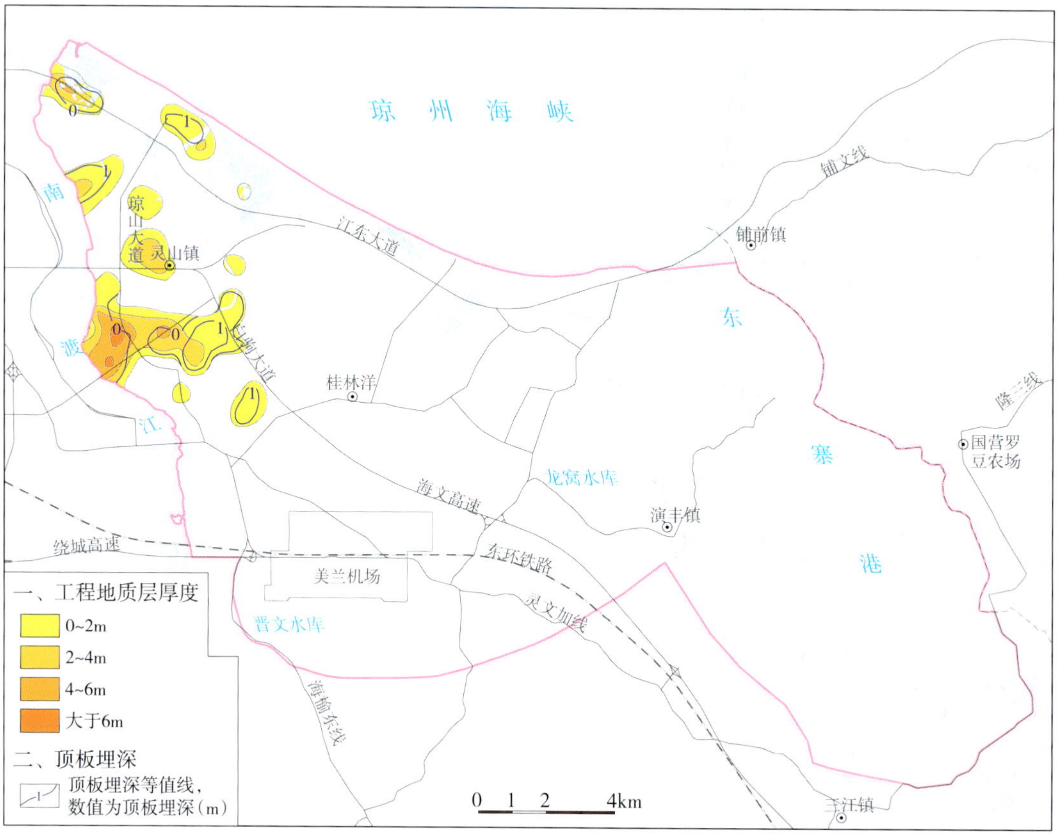

图 4-11 江东新区第 3-2 工程地质层空间分布图

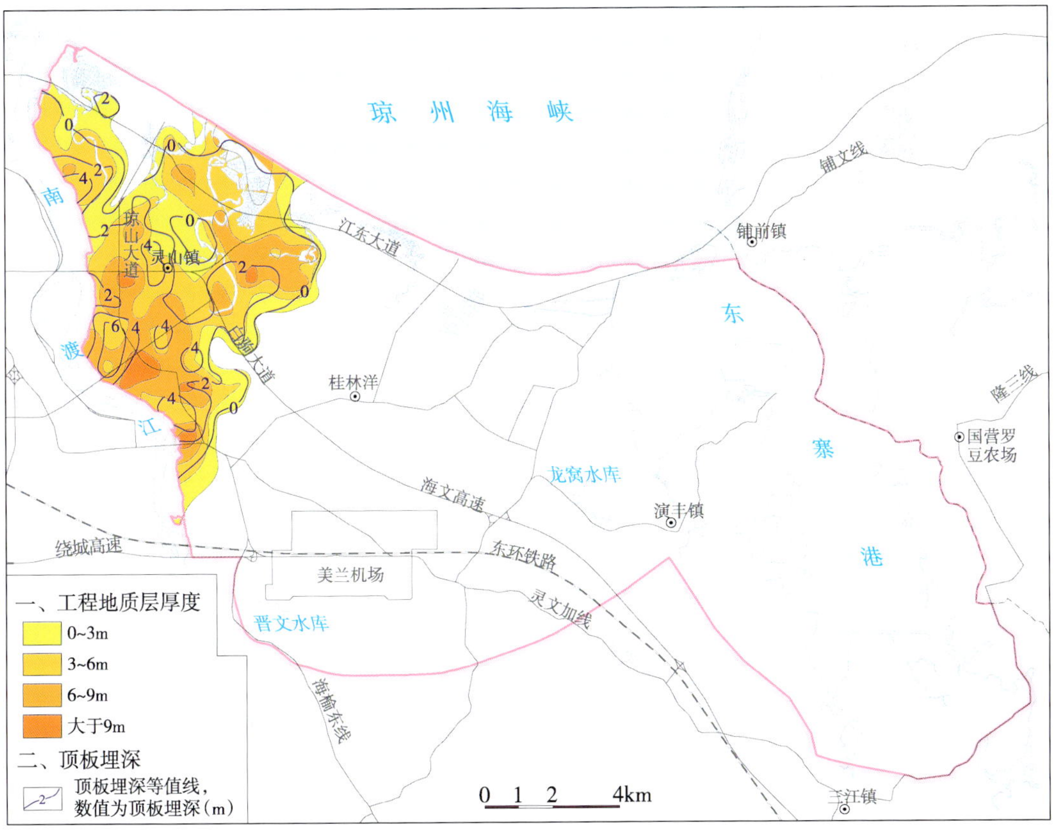

图 4-12　江东新区第 3-3 工程地质层空间分布图

（4）第 3-4 工程地质层（淤泥质粉质黏土）

第 3-4 工程地质层分布于群山村—红丰村—大昌村以西、南渡江以东大部分地段（图 4-13）。岩性为淤泥质粉质黏土，灰黑—深灰色，软塑—可塑状，主要成分为粉粒、黏粒，局部砂粒含量较高，含有机质，具泥臭味。层厚 0.34～19.80m，平均 5.24m；层顶标高 -21.18～4.97m，平均 -4.58m；层顶埋深 0～24.10m，平均 8.10m。

（5）第 3-4a 工程地质夹层（中粗砂）

第 3-4a 工程地质夹层分布于群山村—红丰村—大昌村以西、南渡江以东局部地段。岩性为中粗砂，灰、灰白、灰黄色，饱和，稍密—中密状，次圆状，级配良好，主要矿物为石英、长石，颗粒以中粒为主，次为粗粒，黏粒含量一般 3%～8%。层厚 0.85～8.05m，平均 3.40m；层顶标高 -11.21～0.23m，平均 -4.82m；层顶埋深 3.60～16.95m，平均 8.98m。

（6）第 3-4b 工程地质夹层（粉细砂）

第 3-4b 工程地质夹层主要分布于大昌村以西、南渡江以东大部分地段。岩性为粉细砂，灰—深灰色，饱和，松散—稍密状，次圆状，级配不良，主要矿物为石英、长石，颗粒以细粒为主，次为中粒，普遍夹薄层淤泥质粉质黏土，黏粒含量 5%～15%。层厚 1.00～15.37m，平均 5.18m；层顶标高 -17.08～2.34m，平均 -4.64m；层顶埋深 0～23.50m，平均 7.71m。

（7）第 3-5 工程地质层（粉质黏土）

第 3-5 工程地质层分布于群山村—红丰村—大昌村以西、南渡江以东部分地段（图 4-14）。岩性为粉质黏土，深灰—浅灰色，软—可塑状，主要成分为粉粒、黏粒，局部夹薄层粉细砂。切面稍有光泽，干强度中等，韧性中等。层厚 0.40～11.90m，平均 3.87m；层顶标高 -20.96～1.72m，平均 -8.90m；层顶埋深 4.50～26.40m，平均 12.33m。

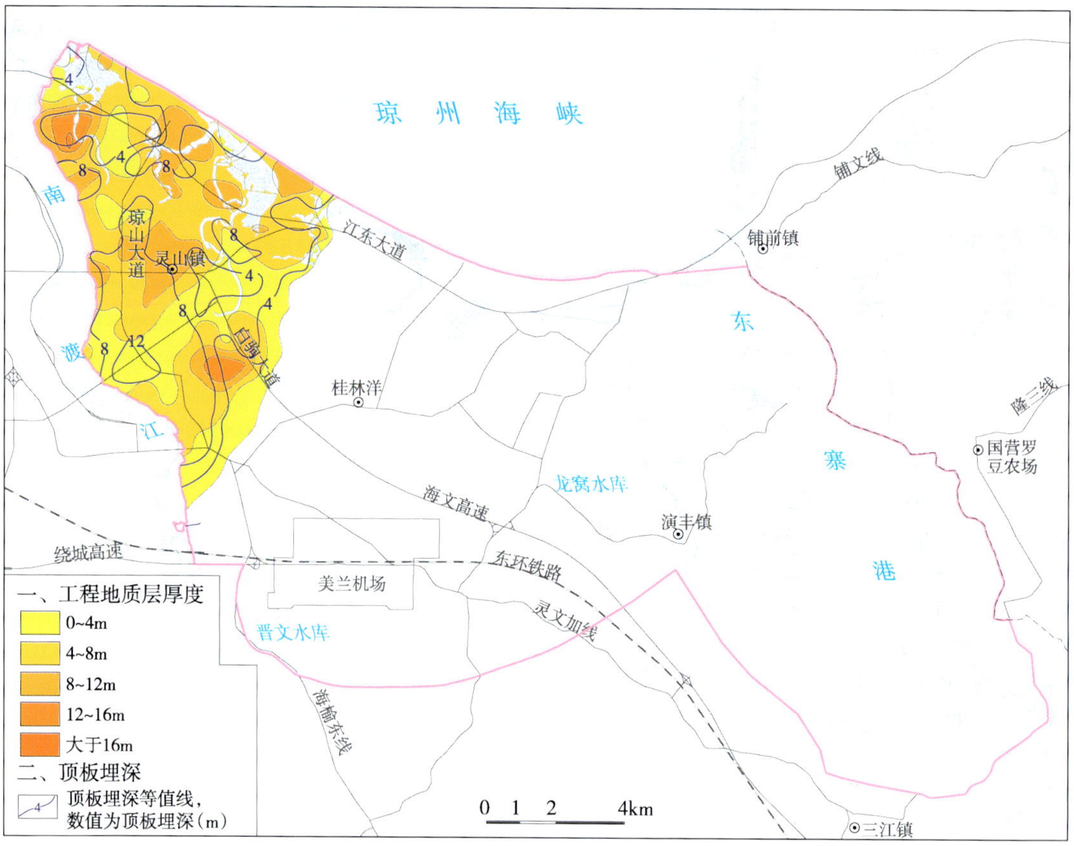

图 4-13　江东新区第 3-4 工程地质层空间分布图

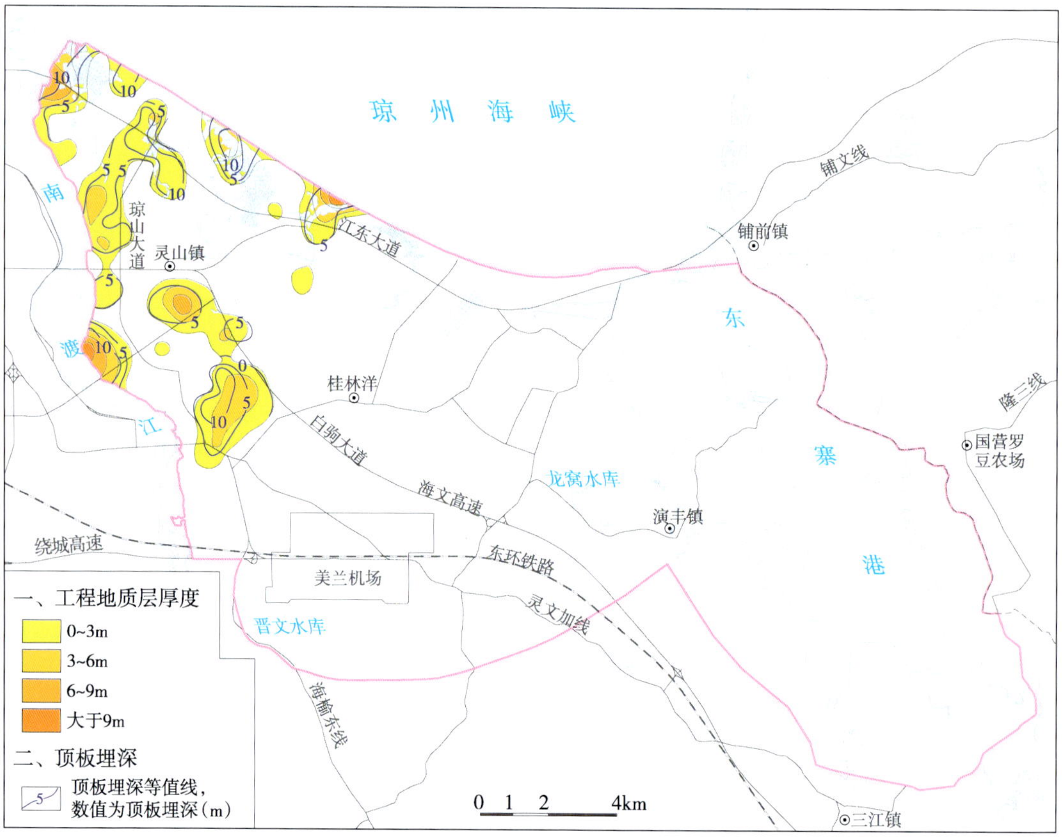

图 4-14　江东新区第 3-5 工程地质层空间分布图

（8）第 3-6 工程地质层（粉细砂）

第 3-6 工程地质层分布于群山村—红丰村—大昌村以西、南渡江以东部分地段（图 4-15）。岩性为粉细砂，灰黄色，饱和，稍密—中密状，次圆状，级配良好，主要矿物为石英、长石，颗粒以细粒为主，次为中粒，局部含卵石，黏粒含量 5%～20%。层厚 0.90～14.72m，平均 3.72m；层顶标高-19.49～-1.75m，平均-10.67m；层顶埋深 6.00～23.75m，平均 14.04m。

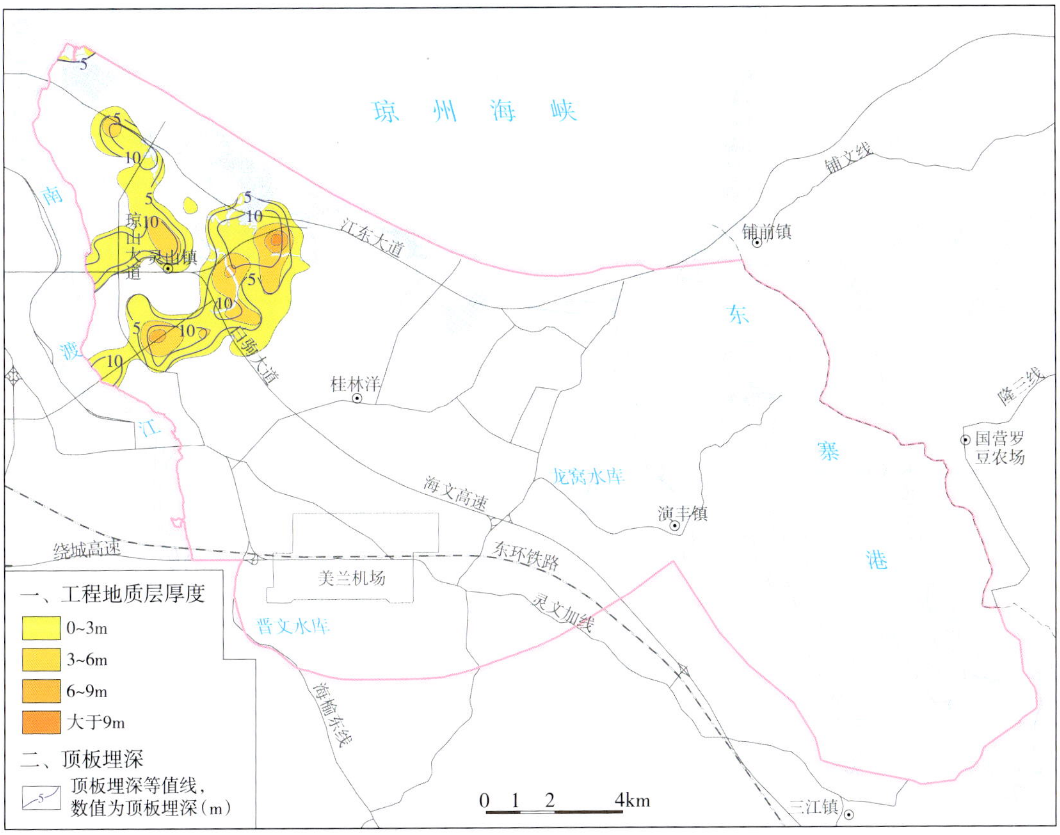

图 4-15　江东新区第 3-6 工程地质层空间分布图

（9）第 3-7 工程地质层（中粗砂）

第 3-7 工程地质层分布于群山村—红丰村—大昌村以西，南渡江以东北部地段（图 4-16）。岩性为中粗砂，灰、灰黄色，饱和，稍密—中密状，次圆状，级配良好，主要矿物为石英、长石，颗粒以中粒为主，次为粗粒，局部含砾粒，黏粒含量一般 3%～8%。层厚 0.40～21.40m，平均 5.29m；层顶标高-20.49～-4.33m，平均-12.94m；层顶埋深 6.00～23.30m，平均 16.48m。

（10）第 3-8 工程地质层（砾砂）

第 3-8 工程地质层分布于群山村—红丰村—大昌村以西、南渡江以东大部分地段（图 4-17）。岩性为砾砂，灰、灰白、灰黄、褐黄色，饱和，中密—密实状，次圆状，级配良好，主要矿物为石英、长石，颗粒以中粒、粗粒为主，次为砾粒，普遍含卵石，黏粒含量一般小于 3%。层厚 0.70～18.60m，平均 5.03m；层顶标高-28.52～-5.64m，平均-16.04m；层顶埋深 9.60～32.00m，平均 19.17m。

五、第 4 工程地质层组

第 4 工程地质层组广泛出露于灵山镇—桂林洋开发区—塔市村以南广大地区，地貌上形成火山岩台地。为中更新世多文岭期、东英期形成的一套基性火山熔岩，岩性划分为上、下段。上、下段之间存在喷发间断，表现为二者风化程度及红土化程度存在明显差异，上段风化程度弱，未见红土

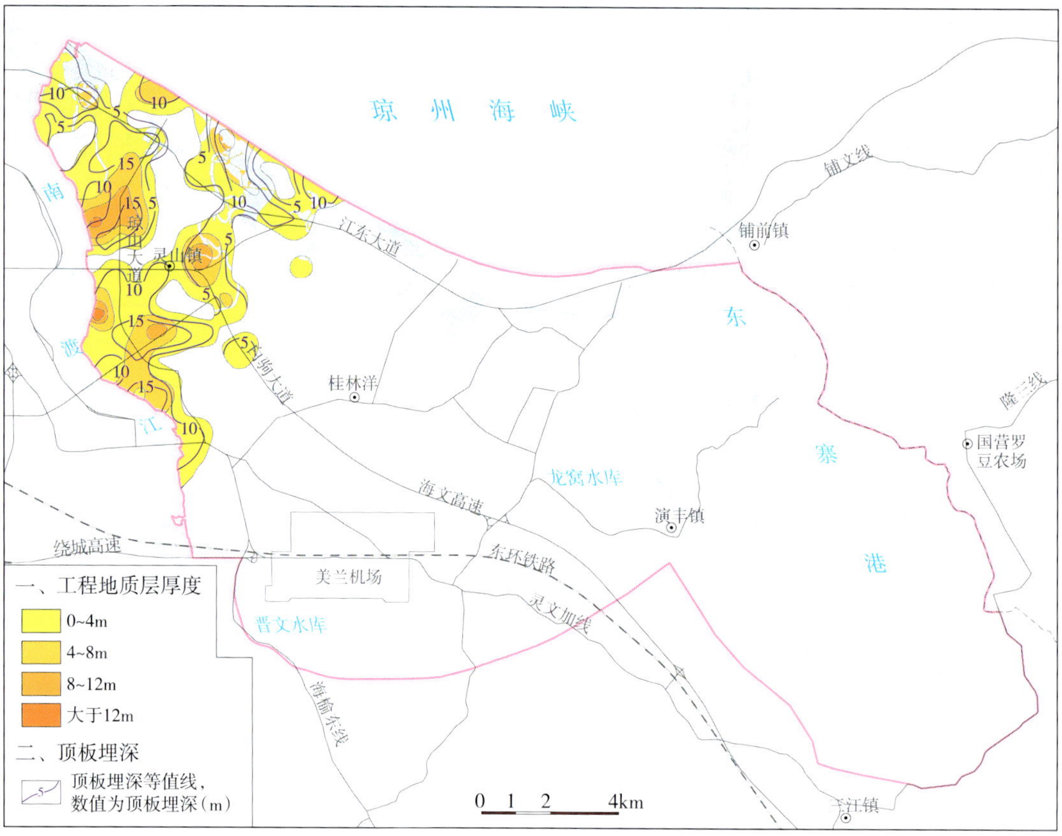

图 4-16　江东新区第 3-7 工程地质层空间分布图

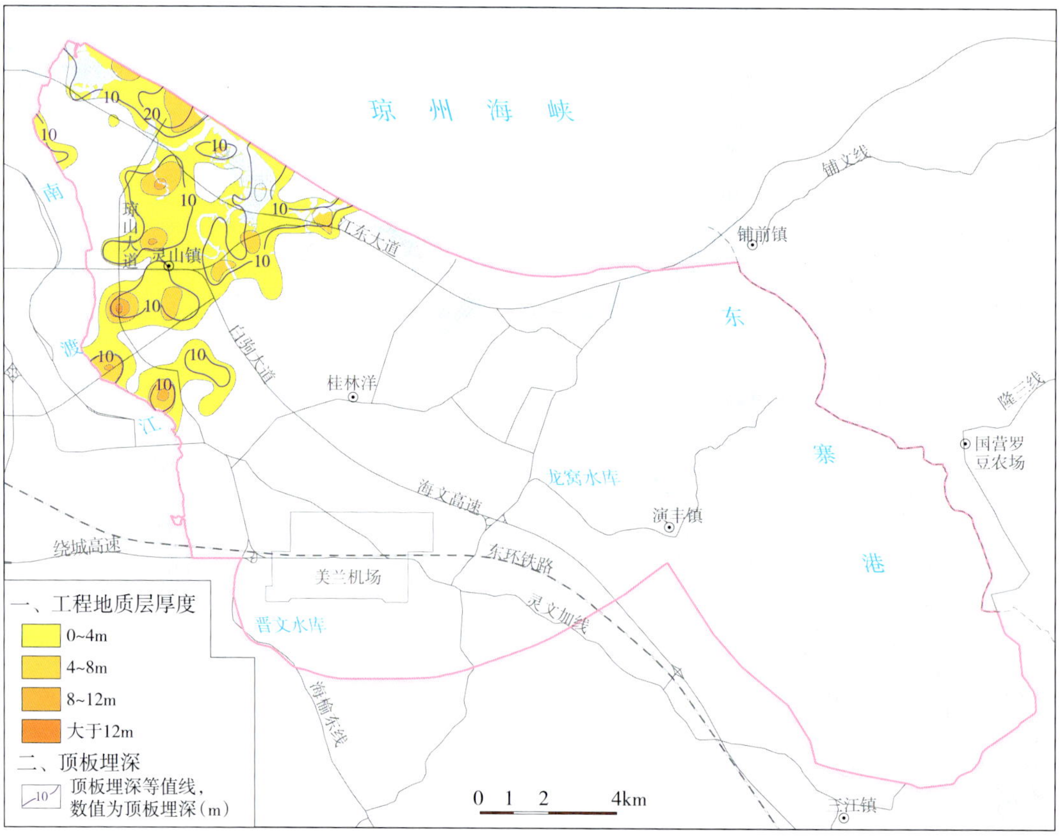

图 4-17　江东新区第 3-8 工程地质层空间分布图

化现象，下段风化程度强，普遍见红土化现象，红土化层一般厚 2~10m 不等。据钻孔资料，本区岩石普遍红土化，岩性以粉质黏土、含角砾粉质黏土及强风化、中风化玄武岩为主。层厚 0.50~25.00m，平均 6.79m；层顶标高-1.35~32.89m，平均 12.94m；层顶埋深 0.00~6.20m，平均 0.41m。该层组可划分为 3 个工程地质层和 1 个夹层，分述如下。

(1) 第 4-1 工程地质层（粉质黏土）

第 4-1 工程地质层广泛出露于灵山镇—桂林洋开发区—塔市村以南广大地区（图 4-18）。岩性为粉质黏土，浅灰、灰褐、红褐色，可塑状，主要成分为粉粒、黏粒，局部夹风化碎石，为玄武岩风化残积土。切面稍有光泽，干强度中等，韧性中等。层厚 0.50~19.00m，平均 4.59m；层顶标高 0.24~32.89m，平均 13.20m；层顶埋深 0.00~9.90m，平均 0.40m。

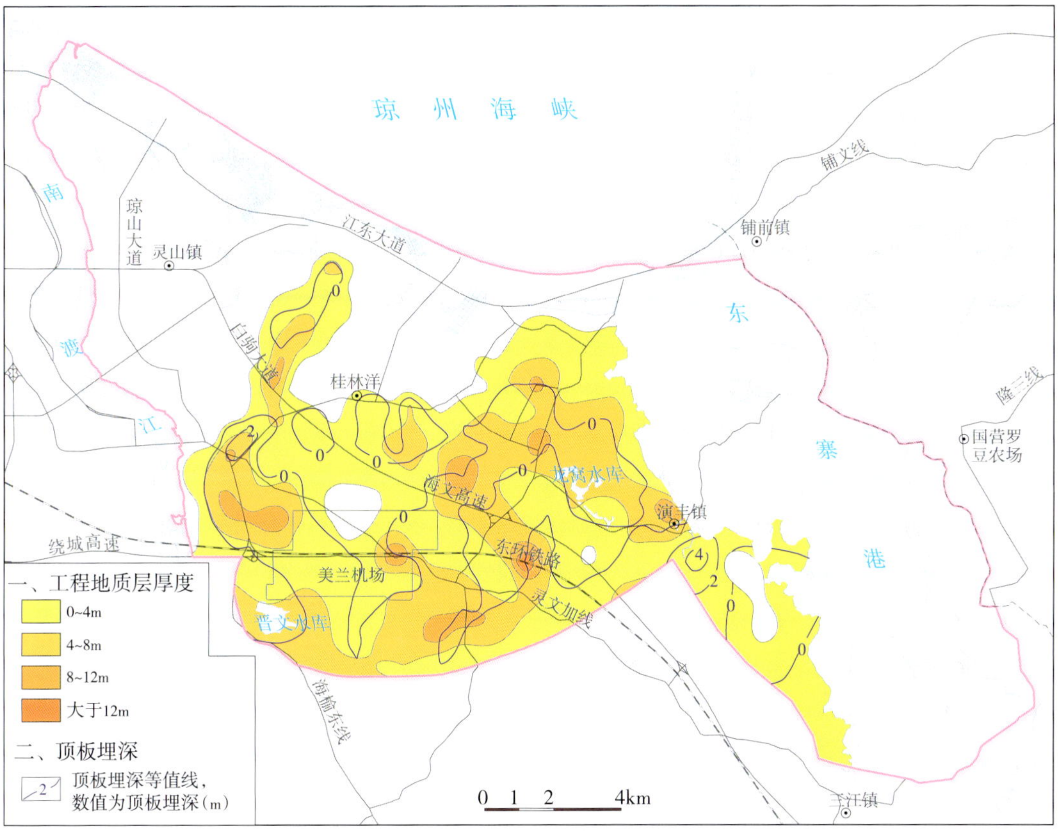

图 4-18 江东新区第 4-1 工程地质层空间分布图

(2) 第 4-1a 工程地质夹层（中风化玄武岩）

第 4-1a 工程地质夹层分布于灵山镇—桂林洋开发区—塔市村以南部分地段。岩性为玄武岩，灰、褐灰色，隐晶质结构，气孔状构造，主要矿物为辉石、长石、橄榄石等。强—中等风化，裂隙发育，裂面粗糙，泥质充填，岩芯破碎，呈碎块状、短柱状，岩石质量指标（RQD）=0~5。层厚 4.30~5.80m，平均 5.05m；层顶标高-3.96~10.87m，平均 3.45m；层顶埋深 4.10~4.20m，平均 4.15m。

(3) 第 4-2 工程地质层（碎石土）

第 4-2 工程地质层分布于灵山镇—桂林洋开发区—塔市村以南部分地段（图 4-19）。岩性为全风化玄武岩和强风化玄武岩，灰、褐灰色，隐晶质结构，气孔状构造，主要矿物为辉石、长石、橄榄石等。岩芯极破碎，呈砂砾状、硬土夹碎石状、碎块状，岩石质量指标（RQD）=0。层厚 0.85~16.60m，平均 5.00m；层顶标高-0.82~24.20m，平均 14.14m；层顶埋深 0.00~11.10m，平均 4.62m。

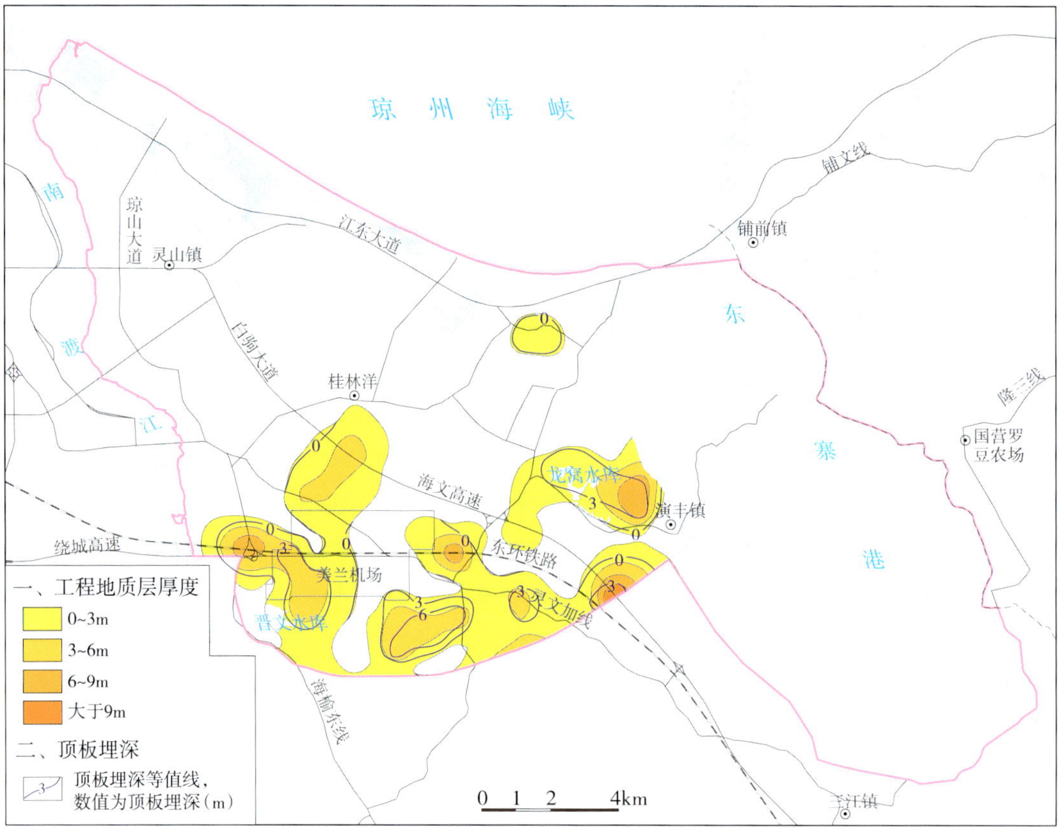

图 4-19　江东新区第 4-2 工程地质层空间分布图

(4) 第 4-3 工程地质层（中风化玄武岩）

第 4-3 工程地质层分布于晋文村—美兰村—昌城村以南大部分地段（图 4-20）。岩性为玄武岩，灰、褐灰色，隐晶质结构，气孔状构造，主要矿物为辉石、长石、橄榄石等。强—中等风化，裂隙发育，裂面粗糙，泥质充填，岩芯破碎，呈碎块状、短柱状，岩石质量指标（RQD）= 0~5。层厚 1.00~20.70m，平均 5.93m；层顶标高 -5.65~28.39m，平均 12.00m；层顶埋深 0.00~20.00m，平均 5.72m。

六、第 5 工程地质层组

第 5 工程地质层组出露于桂林洋经济开发区周边部分地段，为中更新统冲洪积相沉积。该组岩性比较稳定，可分为两个岩性段。上部岩性为橘黄、棕红、褐红色粉质黏土、砂质黏土、含铁质结核；下部为黏质砂、砂砾、砾石层，常含玻璃陨石和铁质结核，偶见不明显的斜层理。砾石成分有石英、变质岩、玄武岩等碎屑，砾石磨圆度差，分选性不好。层厚 0.50~10.80m，平均 4.56m；层顶标高-6.05~11.09m，平均 3.84m；层顶埋深 0~12.00m，平均 2.81m。该层组可划分为 2 个工程地质层，分述如下。

(1) 第 5-1 工程地质层（粉质黏土）

第 5-1 工程地质层分布于桂林洋经济开发区周边部分地段（图 4-21）。岩性为粉质黏土，浅灰、褐黄、褐红色，可塑—硬塑状，主要成分为粉粒、黏粒。切面稍有光泽，干强度中等，韧性中等。层厚 1.05~8.90m，平均 3.84m；层顶标高 -4.57~11.09m，平均 4.06m；层顶埋深 0~12.00m，平均 2.59m。

(2) 第 5-2 工程地质层（中粗砂）

第 5-2 工程地质层分布于桂林洋经济开发区周边部分地段（图 4-22）。岩性为中粗砂，浅灰、

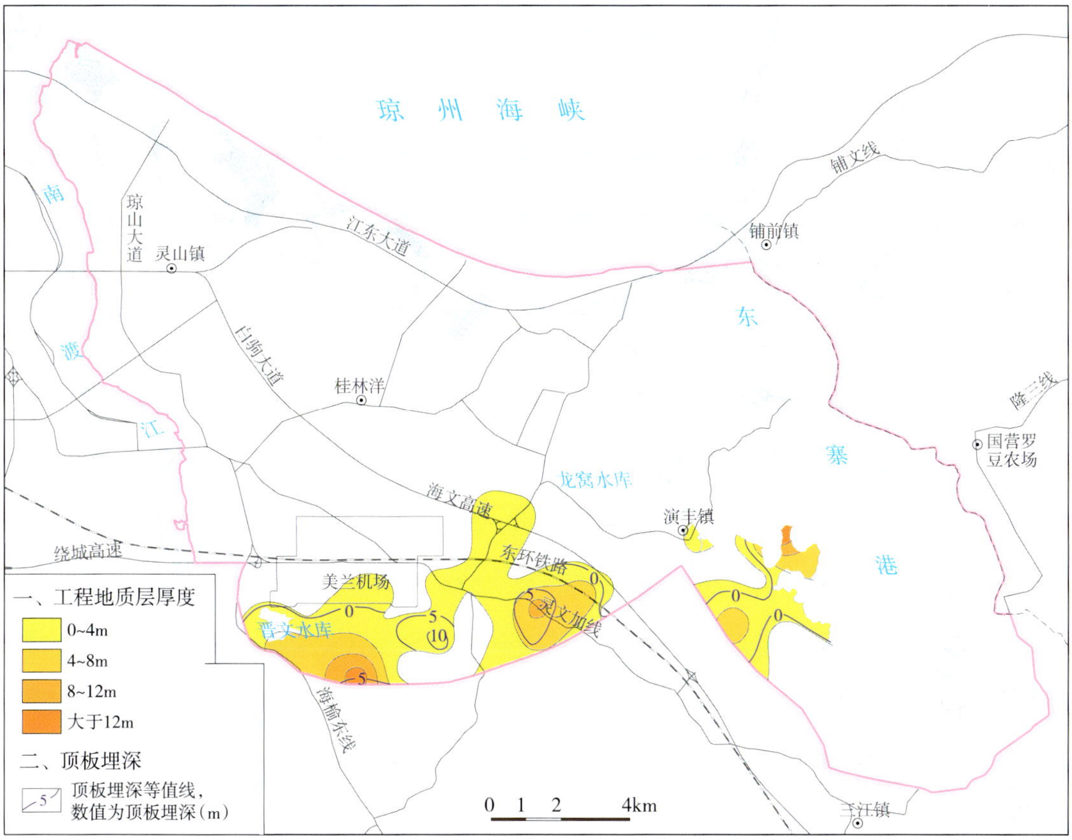

图 4-20　江东新区第 4-3 工程地质层空间分布图

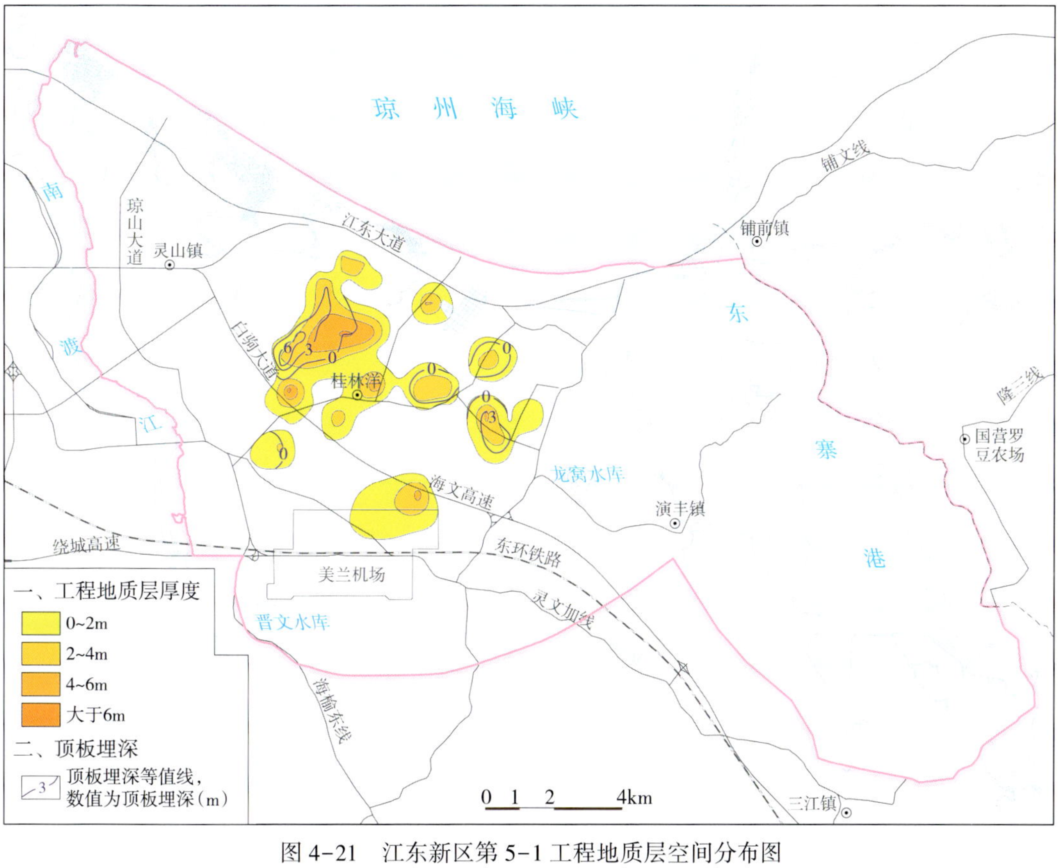

图 4-21　江东新区第 5-1 工程地质层空间分布图

灰白、褐黄、褐红色，饱和，稍密—中实状，次圆状，级配良好，主要矿物为石英、长石，颗粒以中粒为主，次为粗粒，局部含砾粒，黏粒含量一般 10%～20%。层厚 0.50～9.20m，平均 3.44m；层顶标高-6.68～10.99m，平均 2.57m；层顶埋深 0.00～15.00m，平均 4.31m。

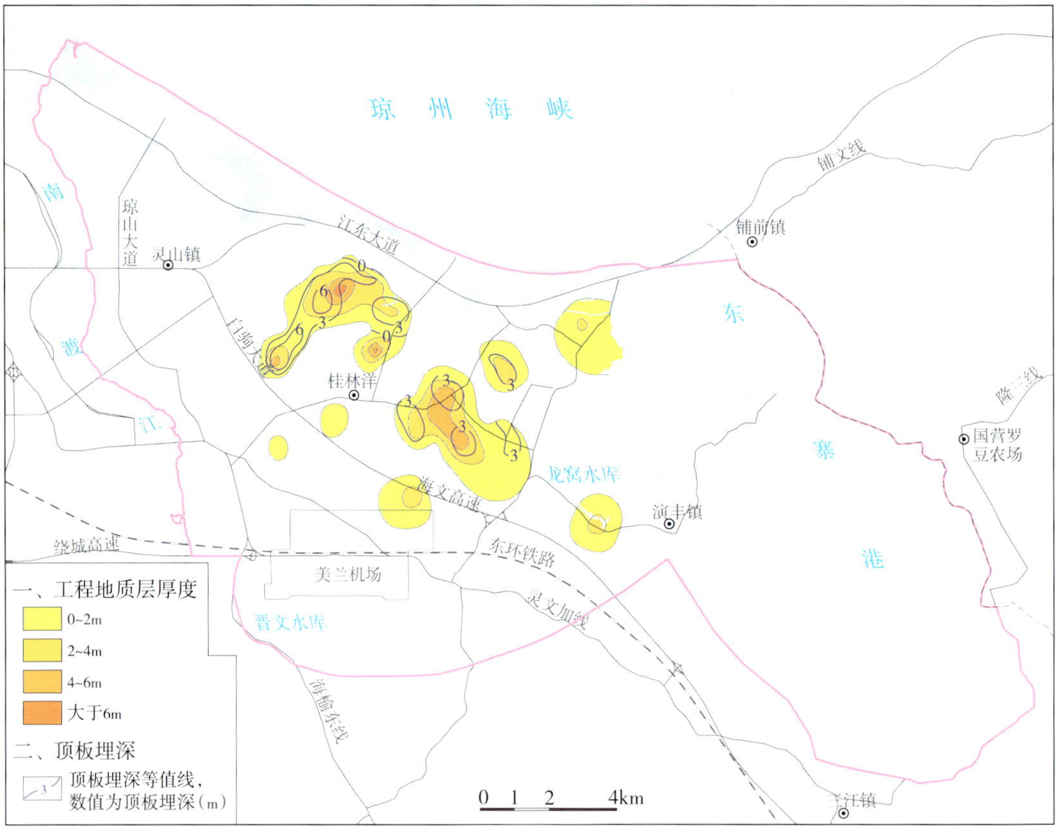

图 4-22　江东新区第 5-2 工程地质层空间分布图

七、第 6 工程地质层组

第 6 工程地质层组隐伏于江东新区大部分地区，为早更新世滨海潮坪相沉积，由 1～3 个韵律层组成。岩性中上部以灰、青灰色页状黏土层或粉质黏土层为主，夹浅灰色砂和砾石层，顶部往往有褐铁矿层，具古风化壳特征。下部为浅灰色砾石层、砂砾层和砂层。层厚 0.25～27.70m，平均 8.24m；层顶标高-34.51～18.75m，平均-3.11m；层顶埋深 0.00～39.80m，平均 10.76m。底部以含砾中粗砂与海口组页状黏土呈平行不整合接触，顶部以杂色黏土或铁质层与北海组含砾粗砂呈平行不整合接触，局部地带被多文组火山岩覆盖。该层组可划分为 3 个工程地质层，3 个工程地质夹层，分述如下。

（1）第 6-1 工程地质层（黏土）

第 6-1 工程地质层分布于江东新区大部分地段（图 4-23）。岩性为黏土，颜色混杂，主要有灰、灰白、红褐、橘黄色，软塑—可塑状，主要成分为粉粒、黏粒，局部富集砂粒，可见水平层理，底部常见铁锰结核。切面稍有光泽，干强度中等—高，韧性中等。层厚 0.35～17.00m，平均 3.67m；层顶标高-34.51～18.75m，平均-2.27m；层顶埋深 0.00～39.80m，平均 11.11m。

（2）第 6-1a 工程地质夹层（粉细砂）

第 6-1a 工程地质夹层零星分布于江东新区。岩性为粉细砂，灰、灰白、红褐、橘黄色，饱和，主要呈稍密—中密状，局部出现松散状，次圆状，级配良好，主要矿物为石英、长石，颗粒以

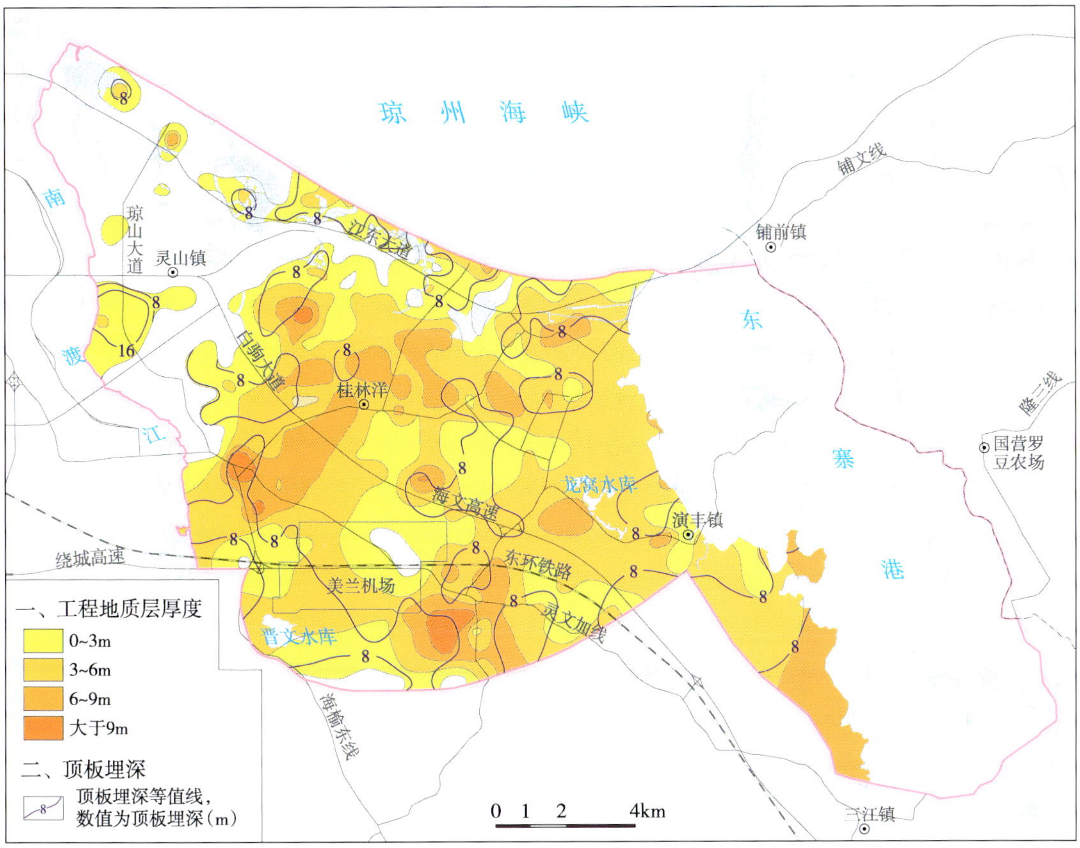

图 4-23 江东新区第 6-1 工程地质层空间分布图

细粒为主，次为中粒，局部夹极薄层黏土，黏粒含量 8%~13%。层厚 0.25~15.50m，平均 3.51m；层顶标高-29.44~12.49m，平均-5.89m；层顶埋深 1.80~31.50m，平均 13.88m。

（3）第 6-1b 工程地质夹层（中粗砂）

第 6-1b 工程地质夹层分布于江东新区中部大部分地段（图 4-24）。岩性为中粗砂，灰白、灰黄色，饱和，主要呈中密—密实状，次圆状，级配良好，主要矿物为石英、长石，颗粒以中粒为主，次为粗粒，局部夹极薄层黏土，黏粒含量一般 4%~10%。层厚 0.70~15.00m，平均 4.68m；层顶标高-16.76~16.70m，平均 1.17m；层顶埋深 0.00~23.30m，平均 9.28m。

（4）第 6-2 工程地质层（粉质黏土与粉细砂互层）

第 6-2 工程地质层广泛隐伏于起步区。岩性为粉质黏土与粉细砂互层，颜色混杂，主要有灰、灰白、红褐、橘黄色，粉质黏土呈可塑状，粉细砂呈中密—密实状，以互层的形式出现，各层厚均很薄，可见水平层理，局部可见铁锰结核。层厚 0.60~20.30m，平均 7.62m；层顶标高-24.96~-0.85m，平均-11.28m；层顶埋深 5.60~27.87m，平均 15.47m。

（5）第 6-2a 工程地质夹层（中粗砂）

第 6-2a 工程地质夹层分布于起步区局部地段。岩性为中粗砂，橘黄、灰白色，饱和，主要呈稍密—中密状，局部松散状，次圆状，级配良好，主要矿物为石英、长石，颗粒以中粒为主，次为粗粒，黏粒含量 3%~10%。层厚 1.20~4.90m，平均 2.57m；层顶标高-14.61~-6.71m，平均-11.11m；层顶埋深 10.60~23.10m，平均 16.57m。

（6）第 6-3 工程地质层（中粗砂）

第 6-3 工程地质层分布于起步区东北侧。岩性为中粗砂，灰、灰绿、灰白、灰黄色，饱和，主要呈稍密—中密状，局部出现松散状，次圆状，级配良好，主要矿物为石英、长石，颗粒以中粒

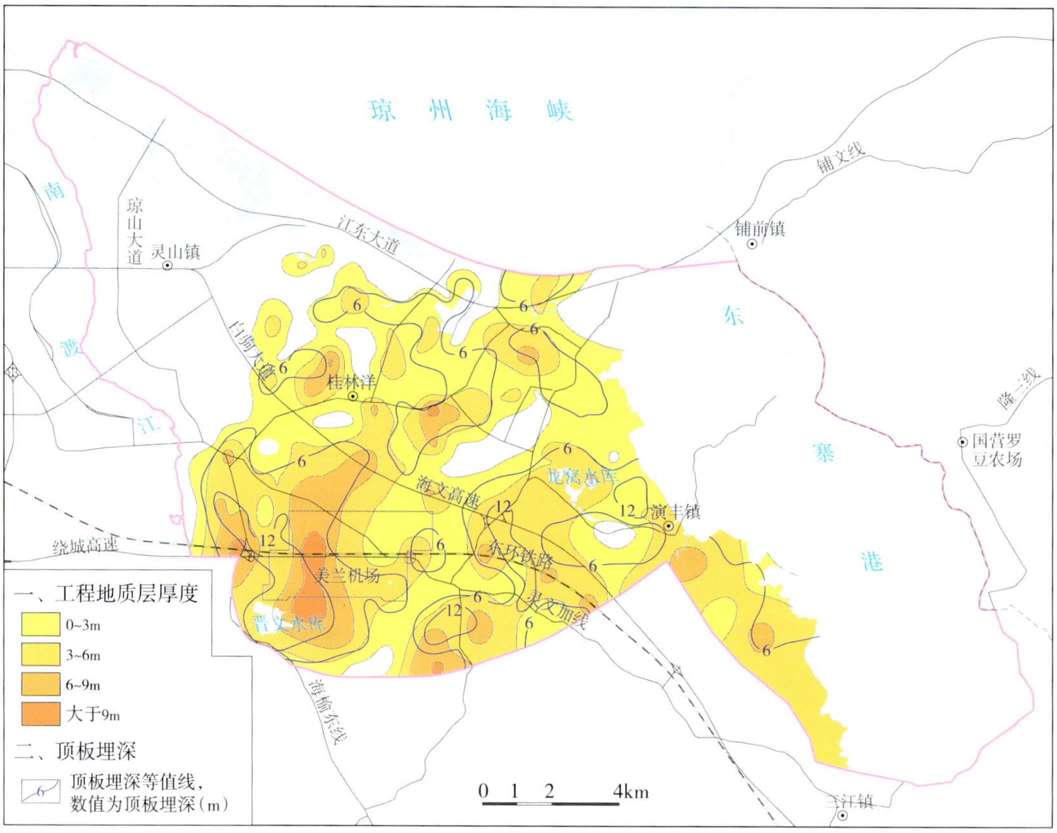

图 4-24　江东新区第 6-1b 工程地质夹层空间分布图

为主，次为粗粒，局部夹极薄层黏土和含少量卵石，黏粒含量一般 5%~10%。层厚 0.80~9.90m，平均 3.54m；层顶标高-24.80~7.01m，平均-15.07m；层顶埋深 6.60~28.60m，平均 19.49m。

八、第 7 工程地质层组

根据沉积旋回及岩性岩相特征，第 7 工程地质层组划分为 4 个岩性段，顶部以硬塑状薄层灰色黏土与上覆秀英组砂砾层呈平行不整合接触，底部以含贝壳砂砾岩与下伏灯楼角组呈整合接触。岩石以半成岩、半松散为主和含较多贝壳为特征，是琼北最重要的地下水含水层。从土层分布空间分析，该工程地质层组自东往西、由南向北倾斜，厚度也随之增加。揭露层厚 29.16~86.15m，平均 60.49m；层顶标高-42.40~12.90m，平均-12.56m；层顶埋深 4.60~44.40m，平均 19.58m。

该层组可划分为 4 个工程地质层，4 个工程地质夹层，分述如下。

（1）第 7-1 工程地质层（粉质黏土）

第 7-1 工程地质层分布于江东新区大部分地段，由东向西倾斜，厚度逐渐增加，缺失于东侧（塔市村—演丰镇一带，图 4-25）。在 100m 深度范围内，隐伏于富创溪—南渡江大部分地段和美兰机场周边。属海口组四段，岩性为粉质黏土，灰—深灰色，可塑—硬塑状，主要成分为粉粒、黏粒，普遍含贝壳碎屑，可见水平层理，层间夹薄层粉细砂。切面稍有光泽，干强度中等，韧性中等。层厚 0.70~52.90m，平均 10.86m；层顶标高-61.65~12.90m，平均-20.73m；层顶埋深 4.60~64.00m，平均 26.23m。

（2）第 7-1a 工程地质夹层（粉细砂）

第 7-1a 工程地质夹层在 100m 深度范围内，隐伏于抱历溪—南渡江出海口段大部分地段。属海口组四段，岩性为粉细砂，灰、浅灰白、褐黄色，饱和，呈中密—密实状，棱角状，级配差，主

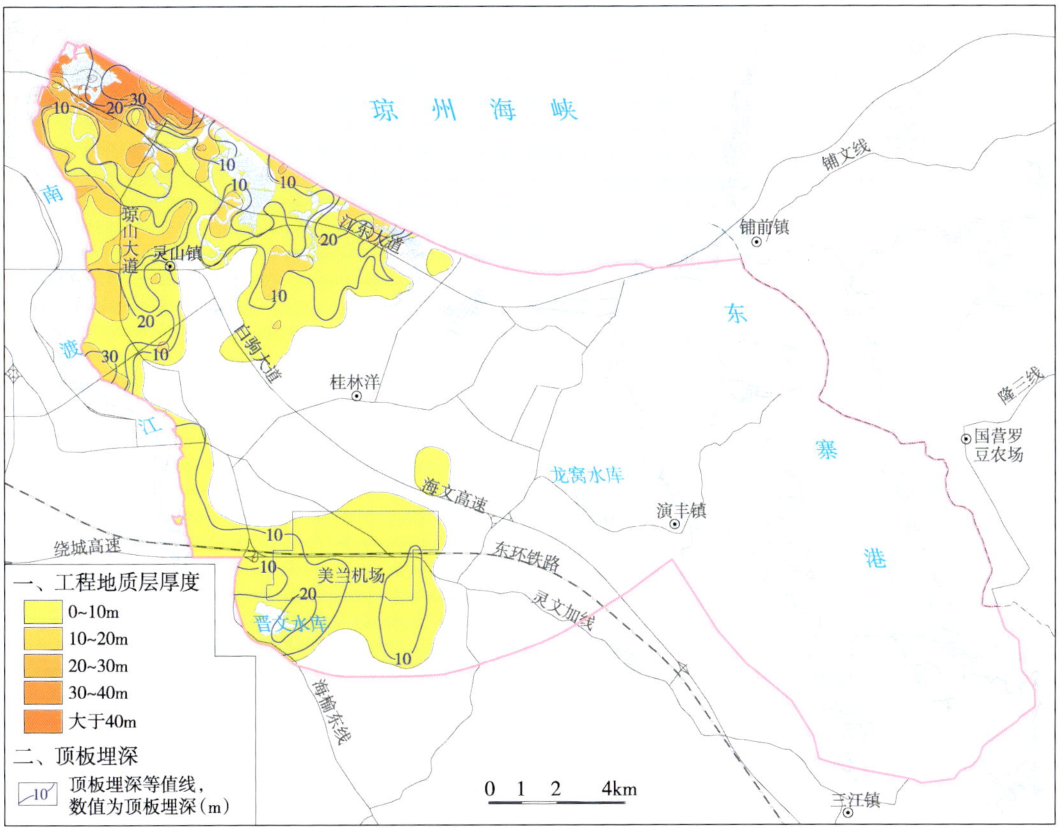

图 4-25　江东新区第 7-1 工程地质层空间分布图

要成分为贝壳碎屑，含石英质细粒，颗粒以细粒为主，次为中粒，局部夹薄层黏土，黏粒含量 5%~20%，可见泥、钙质胶结成的贝壳硬块，胶结程度弱。层厚 0.80~21.60m，平均 8.23m；层顶标高-49.98~-12.72m，平均-28.37m；层顶埋深 18.20~52.60m，平均 39.60m。

（3）第 7-2 工程地质层（贝壳碎屑砂）

第 7-2 工程地质层除演丰镇西南侧局部地段缺失外，江东新区其余地段均有分布（图 4-26）。在 100m 深度范围内，除演丰镇西南侧局部地段和南渡江出海口一小块地段未揭露外，其余地段均有揭露。属海口组三段，岩性为贝壳碎屑砂，浅灰、灰白、褐黄色，饱和，浅部一般呈稍密—中密状，中部及以下呈中密—密实状，棱角状，级配差，主要成分为贝壳碎屑，颗粒为细粒—粗粒，粒组分布不稳定，黏粒含量 5%~20%，局部富集黏粒，局部夹薄层石英质砂，可见泥、钙质胶结成的贝壳硬块，胶结程度弱—中等。层厚 0.70~39.40m，平均 8.89m；层顶标高-123.40~9.30m，平均-28.09m；层顶埋深 6.97~125.40m，平均 34.45m。

（4）第 7-2a 工程地质夹层（粉质黏土）

第 7-2a 工程地质夹层分布于桂林洋经济开发区西侧—南渡江沿岸大部分地段和演丰镇南侧局部地段。属海口组三段，岩性为粉质黏土，灰—深灰色，以硬塑状为主，局部坚硬状，主要成分为粉粒、黏粒，普遍含贝壳碎屑，可见水平层理，层间夹薄层粉细砂。切面稍有光泽，干强度中等，韧性中等。层厚 2.00~40.75m，平均 12.99m；层顶标高-96.00~1.70m，平均-36.23m；层顶埋深 9.40~98.00m，平均 40.58m。

（5）第 7-3 工程地质层（粉质黏土）

第 7-3 工程地质层在江东新区均有分布（图 4-27），在 100m 深度范围内，除南渡江出海口一小块地段未揭露外，江东新区其余地段均有揭露，属海口组二段，岩性为粉质黏土，灰—深灰色，以硬塑状为主，局部坚硬状，主要成分为粉粒、黏粒，普遍含大量贝壳碎屑，可见水平层理，层间

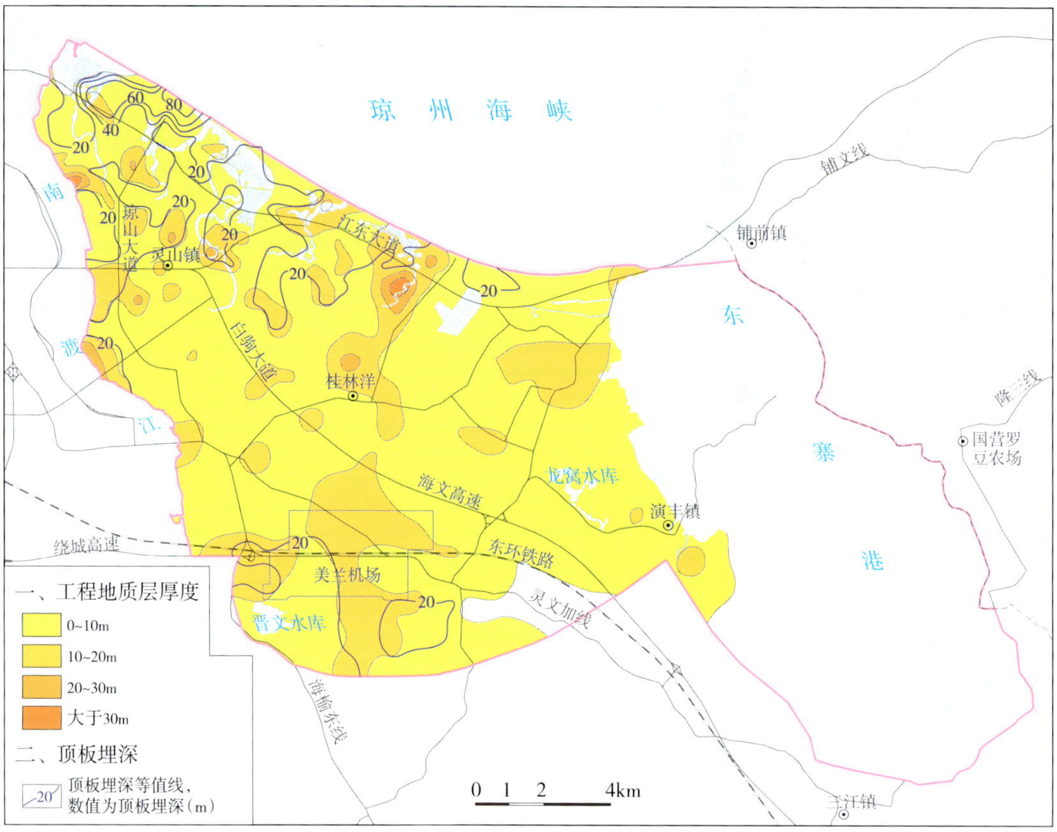

图 4-26 江东新区第 7-2 工程地质层空间分布图

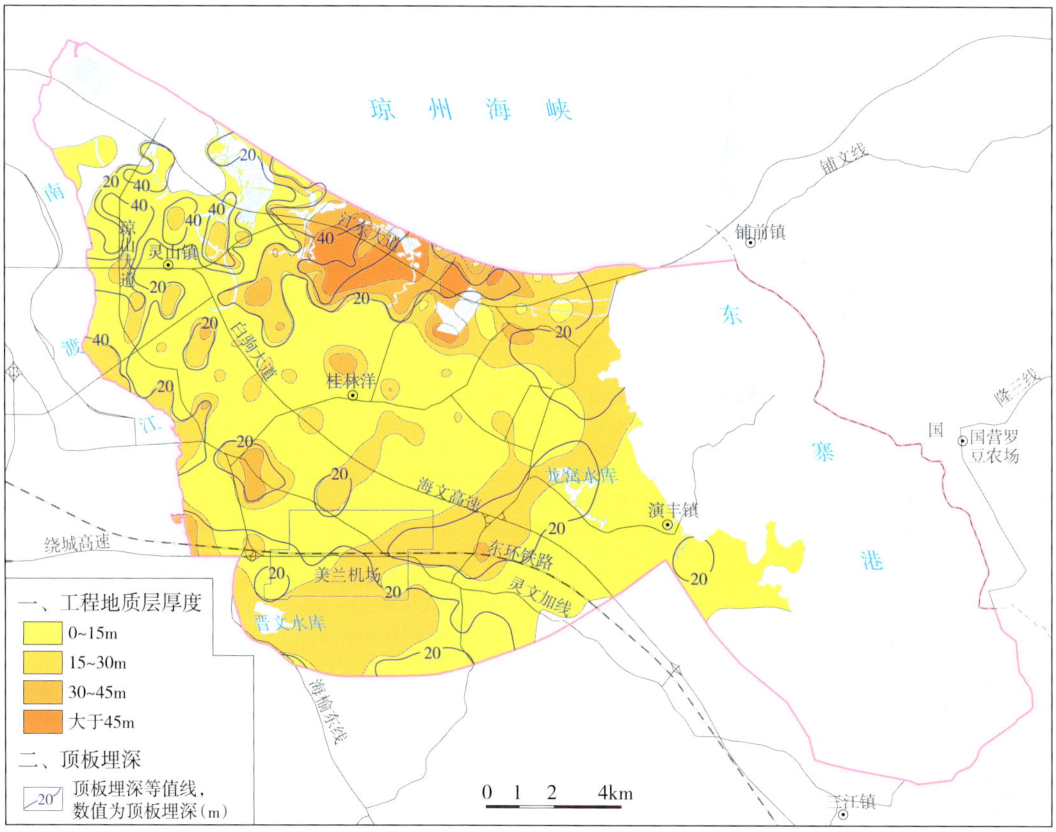

图 4-27 江东新区第 7-3 工程地质层空间分布图

夹薄层粉细砂。切面稍有光泽，干强度中等，韧性中等。层厚 1.30~67.45m，平均 25.87m；层顶标高-134.29~-4.45m，平均-46.81m；层顶埋深 8.00~136.29m，平均 53.10m。

（6）第 7-3a 工程地质夹层（贝壳碎屑砂）

第 7-3a 工程地质夹层在 100m 深度范围内，江东新区局部地段有分布。属海口组二段，岩性为贝壳碎屑砂，浅灰、灰白、褐黄色，饱和，密实状，棱角状，级配差，主要成分为贝壳碎屑，颗粒为细粒—粗粒，分布不稳定，黏粒含量 3%~10%，局部富集黏粒，局部夹薄层石英质砂，可见钙质胶结成的贝壳岩块，胶结程度中等，局部强。层厚 0.70~52.60m，平均 3.93m；层顶标高-125.66~-20.55m，平均-65.94m；层顶埋深 29.00~127.36m，平均 70.60m。

（7）第 7-4 工程地质层（贝壳砂砾岩）

第 7-4 工程地质层在江东新区均有分布，在 100m 深度范围内，除桥东村—大昌村以西地段未揭露外，区内其余地段均有揭露（图 4-28）。属海口组一段，岩性为贝壳砂砾岩，浅灰、浅灰白、灰黄、褐红色，生物碎屑结构，块状构造，主要成分为贝壳和石英质砾砂、砾石，砾砂和砾石呈次棱角—次圆状，钙质胶结，胶结程度中等—强，局部夹贝壳碎屑砂，岩芯一般呈短柱状、碎块状，RQD=5~40。层厚 1.55~57.29m，平均 28.44m；层顶标高-189.00~-0.75m，平均-64.82m；层顶埋深 11.70~191.00m，平均 73.09m。

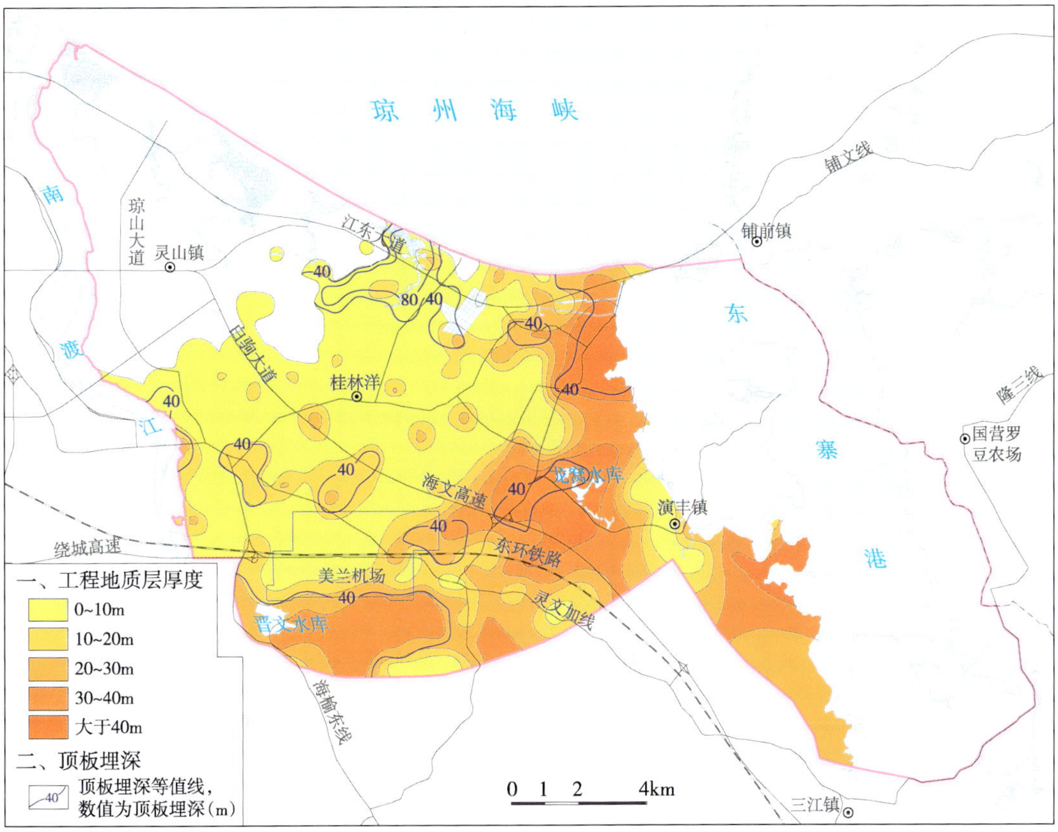

图 4-28 江东新区第 7-4 工程地质层空间分布图

（8）第 7-4a 工程地质夹层（粉质黏土）

第 7-4a 工程地质夹层在 100m 深度范围内，江东新区个别地段有揭露。属海口组一段，岩性为粉质黏土，灰色，坚硬状，主要成分为粉粒、黏粒，普遍含大量贝壳碎屑。切面稍有光泽，干强度中等，韧性中等。层厚 0.95~15.80m，平均 4.88m；层顶标高-178.00~-20.13m，平均-74.21m；层顶埋深 25.20~180.00m，平均 81.85m。

九、第 8 工程地质层组

第 8 工程地质层组隐伏于整个江东新区，为中新统灯楼角组浅海相沉积。岩性为灰、灰绿色粉质黏土、粉细砂与粉质黏土互层、中粗砂。本次勘探孔未揭穿，揭露层顶标高-93.79～-27.21m，平均-62.87m；层顶埋深 44.76～99.40m，平均 77.90m。该层组可划分为 3 个工程地质层，分述如下。

（1）第 8-1 工程地质层（粉质黏土）

第 8-1 工程地质层在 100m 深度范围内，在晋文村—塔市村以东南地段均有揭露（图 4-29）。属灯楼角组，岩性为粉质黏土，灰—深灰色，可塑—硬塑状，主要成分为粉粒、黏粒，可见水平层理，层间夹薄层粉细砂。切面稍有光泽，干强度中等，韧性中等。部分钻孔揭穿，揭露层厚 0.50～48.50m，平均 11.46m；层顶标高-204.54～-39.86m，平均-86.08m；层顶埋深 44.76～206.54m，平均 97.61m。

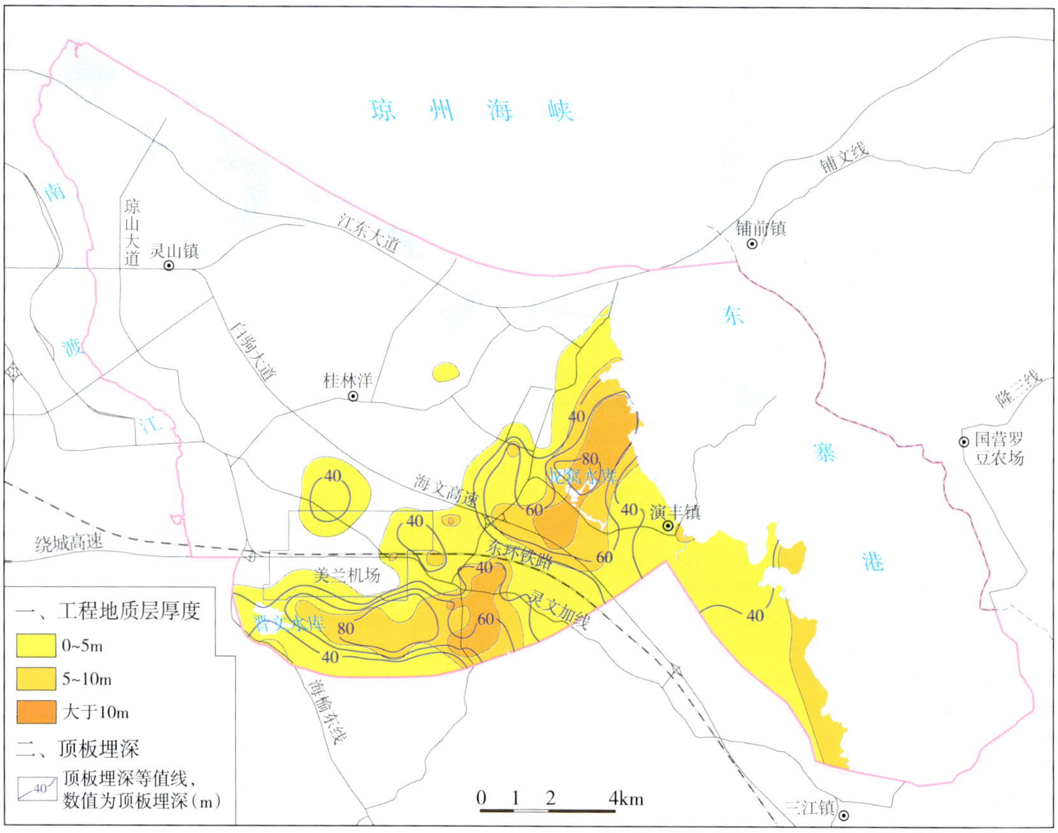

图 4-29 江东新区第 8-1 工程地质层空间分布图

（2）第 8-2 工程地质层（中粗砂）

第 8-2 工程地质层在 100m 深度范围内，主要揭露于江东新区美兰村—五一社区—演丰镇大部分地段（图 4-30）。属灯楼角组，岩性为中粗砂，灰、灰绿色，饱和，密实状，棱角状，级配差，主要矿物为石英、长石，含暗色矿物，颗粒以中粒、粗粒为主，泥质及变质岩碎屑次之，黏粒含量 5%～20%。部分地段揭穿，揭露层厚 1.90～54.20m；层顶标高-247.74～-44.65m，平均-99.91m；层顶埋深 47.20～249.74m，平均 110.12m。

（3）第 8-3 工程地质层（粉细砂与粉质黏土互层）

第 8-3 工程地质层在 100m 深度范围内，在桥东村—林昌村以东个别地段均有揭露。属灯楼角

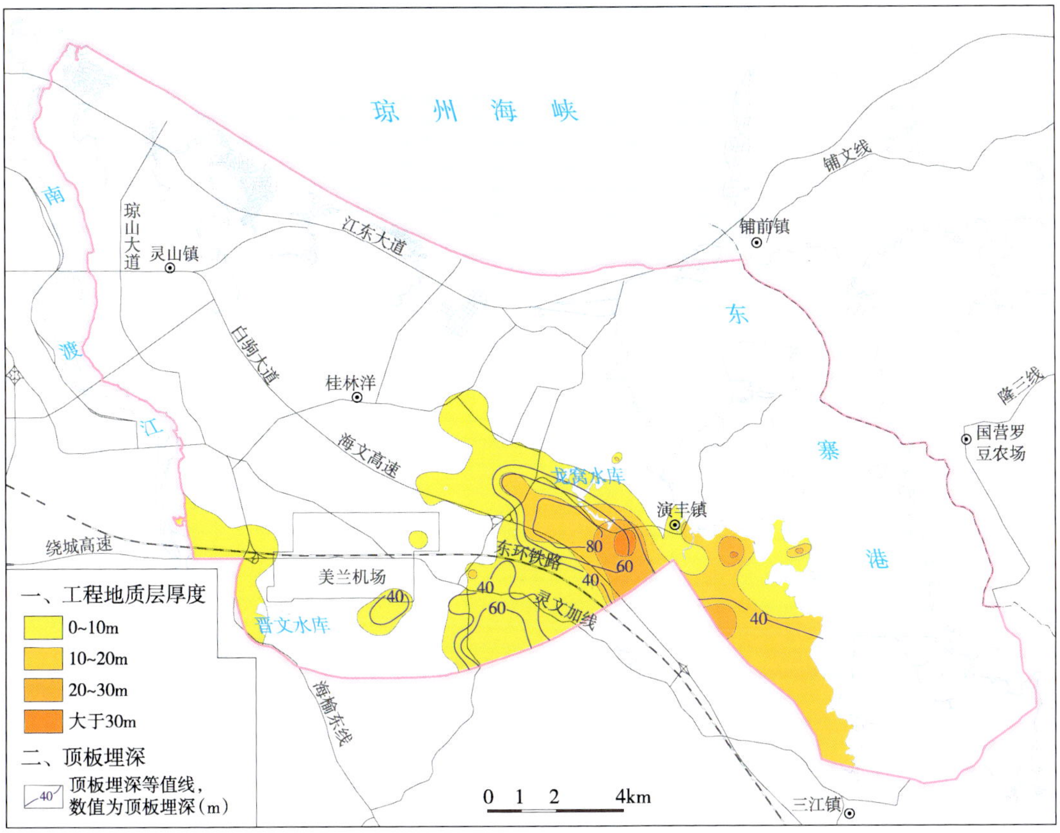

图 4-30　江东新区第 8-2 工程地质层空间分布图

组，岩性为粉细砂与粉质黏土，灰、灰绿色，粉细砂呈密实状，粉质黏土呈坚硬状，以互层的形式出现，各层厚均很薄，可见水平层理。个别地段有揭穿，揭露层厚 0.95～41.45m，平均 7.68m；层顶标高-239.99～-53.01m，平均-107.88m；层顶埋深 65.90～241.99m，平均 117.32m。

第五章　工程地质分区评价

为了更好地评价岩土体质量，根据工程地质条件优劣对研究区进行分区。

一、分区依据

江东新区地貌类型众多，依据地貌成因形态划分为滨海堆积平原、河口三角洲平原、河流一级阶地、冲洪积平原、火山岩台地。地貌形成主要是受地壳运动、岩浆及火山活动等内营力作用形成地壳表面起伏基本轮廓，后期在水流、太阳能、生物及化学等作用下，对基础地貌格架不断进行风化、剥蚀、搬运及堆积，从而形成现代地表的各种地貌形态。

因此，地貌形态的差异表现为沉积环境的演化结果，沉积环境决定岩土体的物质成分及组合关系，物质成分决定着土体物理力学参数的优劣。针对不同的岩土组合关系、物理力学指标可以评价地基承载力及建筑基础的适用性。

本次从平面及垂向角度出发，以地貌特征为基础，主要考虑岩土体沉积环境及物质成分、岩土层组合空间分布、工程力学性质的差异性等因素，对江东新区进行工程地质区划。

二、分区结果

由分区依据划分为5个工程地质区（滨海堆积平原区、河口三角洲平原区、河流一级阶地区、冲洪积平原区、火山岩台地区）和5个工程地质亚区（滨海沉积砂类土亚区、海积阶地砂黏土亚区、海湾沉积黏性土亚区、河口三角洲沉积黏性土亚区、河口三角洲沉积砂类土亚区），各区分布见表5-1、图5-1。

表5-1　工程地质分区表

工程地质区	工程地质亚区	代号	浅层地基土（<5m）
滨海堆积平原区（Ⅰ）	滨海沉积砂类土亚区	$Ⅰ_1$	砂类土
	海积阶地砂黏土亚区	$Ⅰ_2$	砂、黏土
	海湾沉积黏性土亚区	$Ⅰ_3$	粉土、黏性土
河口三角洲平原区（Ⅱ）	河口三角洲沉积黏性土亚区	$Ⅱ_1$	黏性土
	河口三角洲沉积砂类土亚区	$Ⅱ_2$	砂类土
冲洪积平原区（Ⅲ）		Ⅲ	黏土质砂
河流一级阶地区（Ⅳ）		Ⅳ	砂类土
火山岩台地区（Ⅴ）		Ⅴ	玄武岩残坡积粉质黏土

三、分区各（岩）土层特征

为评价场地地基岩土的承载能力，本次通过原位测试（重型动力触探试验、标准贯入试验、静力触探试验）、土工试验数据，并结合工程经验综合确定各岩土层的承载力特征值、容许值。其中原位试验确定承载力特征值主要依据《建筑地基检测技术规范》（JGJ 340—2015）规定，承载力容许值主要依据土工试验数据，参照《公路桥涵地基与基础设计规范》（JTGD 63—2007）查表得到。场地工程地质分区共分为 8 个区，承载力分别按 8 个区进行确定，各区分布的各工程地质层物理力学性质及其承载力值见表 5-2~表 5-9。根据承载力评价结果，第 6-1 工程地质层及其以下工程地质层承载力较高，是良好的地基土，一般可作为多层、高层建筑基础或桩基持力层；第 1-2、2-1、2-2、2-3、2-4、3-2、3-3、3-4a、3-4b、3-6、3-7、3-8 工程地质层（夹层）均为液化砂土，第 2-1b、2-3a、3-4 工程地质层（夹层）为震陷软土，不宜直接作为基础持力层，需采取消除液化、震陷地基处理措施。

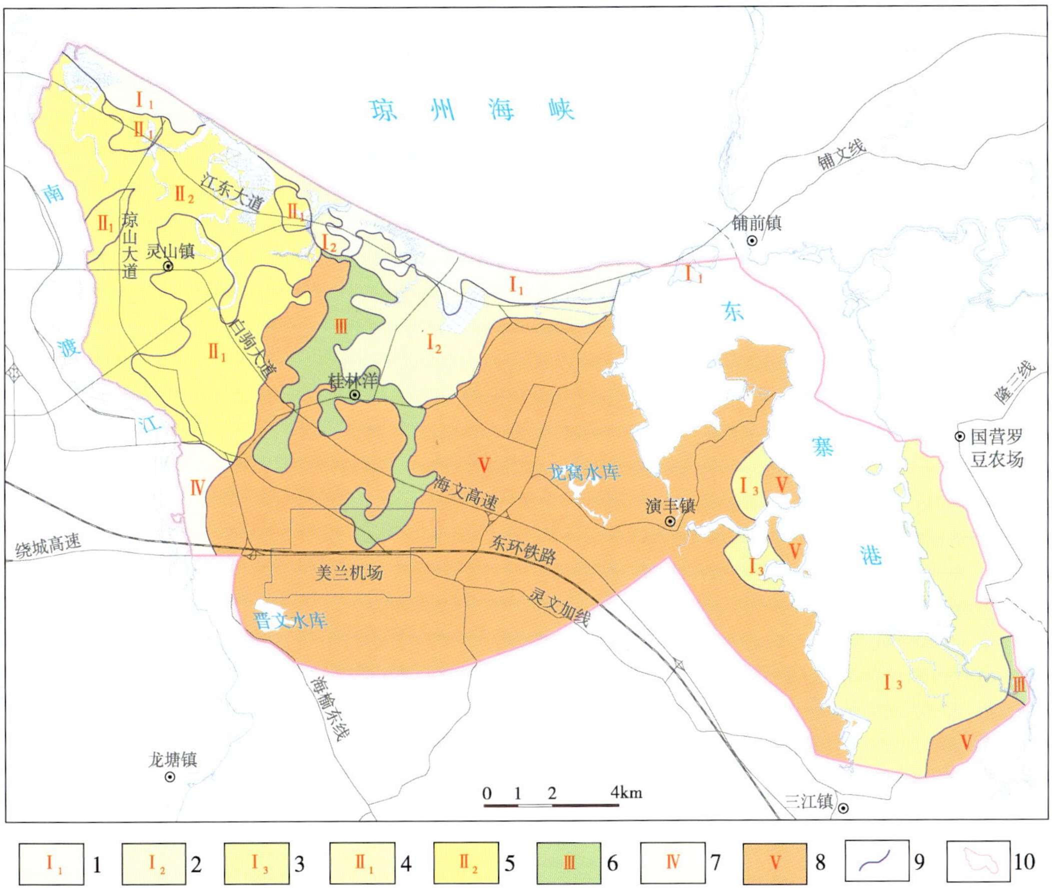

图 5-1　江东新区工程地质分区图

1—滨海沉积砂类土亚区；2—海积阶地砂黏土亚区；3—海湾沉积黏性土亚区；4—河口三角洲沉积黏性土亚区；5—河口三角洲沉积砂类土亚区；6—冲洪积平原区；7—河流一级阶地区；8—火山岩台地区；9—工程地质分区界线；10—江东新区范围

四、分区工程地质基本特征

根据各分区的工程地质条件，结合本次钻探的地层岩性综合分析评价，各工程地质分区基本特征见表 5-10。

表 5-2　滨海沉积砂类土亚区（$Ⅰ_1$）各（岩）土层承载力值表

工程地质层编号	岩土名称	土工试验指标统计值													承载力特征				承载力容许值	
		密度	含水量	孔隙比	饱和度	土粒相对密度	液限	塑限	液限指数	塑限指数	压缩模量	压缩系数	直剪试验 黏聚力	直剪试验 内摩擦角	依据重型动探试验确定	依据标准贯入试验确定	依据静力触探试验确定	建议值	按公路规范确定	建议值
		ρ_0	ω	e_0	S_r	G_s	ω_L	ω_p	I_P	I_L	Es_{1-2}	α_{1-2}	C	φ						
		g/cm^3	%		%		%	%			MPa	MPa^{-1}	kPa	°	kPa	kPa	kPa	kPa	kPa	kPa
0-0	人工填土	1.86	19.42	0.85	75.00	2.70	25.32	15.99	0.62	9.33	5.53	0.34	18.32	16.00						
2-1	粉细砂	1.99	19.30	0.65	90.33	2.66	22.88	16.01	1.19	6.87	16.43	0.14	27.28	23.20	/	100~150	80~180	100~150	90~190	100~150
2-1a	粉质黏土	1.93	28.00	0.78	96.00	2.67	24.40	15.95	1.39	8.45	7.56	0.29	18.16	14.40	/	/	162	90~100	/	90~100
2-1b	淤泥质粉质黏土	1.68	53.20	1.49	97.50	2.72	47.45	27.40	1.31	20.05	1.97	1.26	15.36	3.20	/	/	/	60~80	65	60~90
2-2	中粗砂		13.50				16.20	11.40	1.40	4.80					/	150~230	130~288	130~230	330~370	130~230
2-3	粉细砂	2.04	17.26	0.55	90.00	2.67	22.08	14.96	0.68	7.13	10.22	0.17	14.56	20.00	/	100~150	115~157	100~140	80~150	100~140
2-3a	淤泥质粉质黏土	1.76	42.20	1.31	96.68	2.71	34.81	19.98	1.44	14.83	3.02	0.96	13.17	5.13	/	/	54	60~80	60~90	60~90
2-3b	粉质黏土	1.91	29.77	0.87	97.00	2.69	32.88	18.80	0.81	14.08	7.07	0.29	27.62	8.80	/	120~250	/	100~120	100~120	100~120
2-4	中粗砂	2.12	13.65	0.39	99.00	2.64	21.93	13.51	0.32	8.41	6.73	0.21	5.28	18.40	/	170~230	225~280	160~200	150~330	160~200
2-4a	粉质黏土	1.85	33.43	0.99	94.00	2.72	35.30	19.17	0.90	16.13	4.43	0.51	15.44	4.00	/	/	120	120~140	90~130	90~130
3-2	粉细砂	2.03	21.43	0.56	94.00	2.64	21.80	13.50	1.10	8.30	24.36	0.06			/	/	268	120~160	/	120~160
3-3	中粗砂		12.80												/	/	/	160~200	/	160~200
3-4	淤泥质粉质黏土	1.78	39.16	1.20	97.44	2.70	34.85	20.54	1.47	14.32	3.53	0.84	13.88	7.50	/	/	50~95	50~90	/	50~90
3-4a	中粗砂		9.30												/	/	/	160~180	/	160~180
3-4b	粉细砂	1.99	25.50	0.50	90.00	2.65	24.15	17.60	1.59	6.55	27.70	0.05			/	120~150	165~230	120~160	90~210	120~160
3-5	粉质黏土	1.78	40.17	1.04	94.67	2.70	40.17	23.31	1.00	16.86	7.37	0.32	16.84	5.80	/	110~180	120	100~130	80~130	100~130
3-6	粉细砂	1.91	25.60				22.00	14.40	1.47	7.60					/	/	/	140~160	/	140~160
3-7	中粗砂		10.50												/	/	/	160~210	/	160~210
3-8	砾砂	1.96	13.21	0.71	94.00	2.69	21.30	12.95	0.44	8.35	5.27	0.33	19.52	6.40	/	/	/	180~300	/	180~300
5-1	粉质黏土	1.98	23.10				39.10	21.00	0.12	18.10					/	/	/	140~180	/	140~180
6-1	黏土	1.78	42.03	1.24	96.65	2.72	46.56	24.31	0.88	22.25	7.46	0.41	28.56	8.39	/	140~260	115~300	110~200	80~150	110~150

工程地质层编号	岩土名称	土工试验指标统计值													承载力特征				承载力容许值	
		密度	含水量	孔隙比	饱和度	土粒相对密度	液限	塑限	液限指数	塑限指数	压缩模量	压缩系数	直剪试验 黏聚力	直剪试验 内摩擦角	依据重型动探试验确定	依据标准贯入试验确定	依据静力触探试验确定	建议值	按公路规范确定	建议值
		ρ_0	ω	e_0	S_r	G_s	ω_L	ω_p	I_P	I_L	Es_{1-2}	α_{1-2}	C	φ						
		g/cm³	%		%		%	%			MPa	MPa^{-1}	kPa	°	kPa	kPa	kPa	kPa	kPa	kPa
6-1a	粉细砂	2.11	17.13				26.60	19.40	0.11	7.20					/	140~220	/	140~180	90~200	90~200
6-1b	中粗砂	2.11	13.58				21.10	11.70	0.13	9.40					/	180~250	/	180~230	330~370	180~230
6-2	粉质黏土与粉细砂互层	1.85	31.22	1.05	94.89	2.70	33.84	19.11	1.30	14.73	12.47	0.22	30.34	13.31	/	/	/	150~180	/	150~180
6-2a	中粗砂		13.90												/	/	/	180~230	/	180~230
6-3	中粗砂		15.79				21.50	16.80	1.36	4.70					/	/	/	180~260	/	180~260
7-1	粉质黏土	1.91	28.35	0.81	94.07	2.69	32.08	18.50	0.82	13.58	24.66	0.11	64.44	19.73	220~450	280~450	280	220~450	390~530	220~450
7-1a	粉细砂	1.97	25.38	0.70	94.33	2.68	23.48	15.79	1.40	7.69	26.16	0.09	79.76	23.20	250~450	180~280	325	180~280	110~310	180~280
7-2	贝壳碎屑砂	1.81	31.63	0.95	89.88	2.66	26.75	17.22	1.61	9.52	12.92	0.24	42.38	23.20	400~640	200~350	260	200~350	330~450	200~350
7-2a	粉质黏土	1.91	28.08	0.78	92.25	2.68	28.37	17.66	1.04	10.71	23.13	0.10	66.65	22.69	/	410~450	/	410~450	400~500	400~450
7-3	粉质黏土	1.97	23.54	0.69	91.63	2.69	28.92	16.91	0.59	12.02	29.90	0.08	82.15	22.83	400~500	430~450	218	400~450	430~600	430~450
7-3a	贝壳碎屑砂	1.89	27.38	0.80	90.67	2.66	23.93	15.18	1.44	8.75	21.74	0.15	76.72	25.20	/	300~350	/	300~350	/	300~350
7-4	贝壳砂砾岩	1.99	18.86	0.55	95.50	2.66	24.09	14.34	0.52	9.75	8.66	0.18	0.00	0.00	/	/	/	500~800	/	500~800
7-4a	粉质黏土	1.96	22.79	0.62	84.25	2.68	30.06	16.76	0.59	13.30	28.67	0.07	92.45	25.60	/	/	/	400~450	/	400~450
8-1	粉质黏土	1.83	23.03	0.81	84.00	2.72	32.93	17.57	0.52	15.37	14.11	0.13	0.00	0.00						
8-2	中粗砂		21.65				22.30	13.90	0.93	8.40										
8-3	粉质黏土与粉细砂互层	1.93	24.69	0.80	92.33	2.70	32.20	19.32	0.72	12.88	21.76	0.12	53.64	15.60						

注：1. 土工试验指标中除黏聚力、内摩擦角为标准值外其余均为平均值；
2. 承载力范围值按统计指标的大值平均值和小值平均值确定，松散状态的砂类土承载力小值结合工程经验确定、砂类土承载力容许值按水下状态取值；
3. 承载力建议值参照工程经验确定；
4. 贝壳碎屑砂按中砂、粗砂算承载力。

表 5-3 海积阶地砂黏土亚区（I_2）各（岩）土层承载力值表

工程地质层编号	岩土名称	土工试验指标统计值													承载力特征				承载力容许值	
		密度	含水量	孔隙比	饱和度	土粒相对密度	液限	塑限	液限指数	塑限指数	压缩模量	压缩系数	直剪试验		依据重型动探试验确定	依据标准贯入试验确定	依据静力触探试验确定	建议值	按公路规范确定	建议值
													黏聚力	内摩擦角						
		ρ_0	ω	e_0	S_r	G_s	ω_L	ω_p	I_P	I_L	Es_{1-2}	α_{1-2}	C	φ						
		g/cm^3	%		%		%	%			MPa	MPa^{-1}	kPa	°	kPa	kPa	kPa	kPa	kPa	kPa
0-0	人工填土	1.93	23.21	0.76	88.5	2.67	29.00	18.15	0.79	10.85	7.03	0.26			/	1000~150	95	100~150	80~210	100~150
2-1	粉细砂	1.95	15.47				26.90	16.43	0.66	10.47					/	90~100	100~154	90~130	/	90~130
2-1a	粉质黏土	1.88	29.33	0.69	87.0	2.68	27.67	17.60	1.11	10.07	6.36	0.28	16.48	12.80	/	/	53	50~80	/	50~80
2-1b	淤泥质粉质黏土	1.81	41.80	1.06	98.0	2.69	25.53	16.27	2.87	9.27	2.73	0.75	6.16	2.40	/	150~200	132~277	150~250	150~350	150~250
2-2	中粗砂	2.04	12.77	0.50	67.0	2.62	27.70	15.08	0.27	12.62	14.58	0.10			/	100~160	/	100~160	80~210	100~160
2-3	粉细砂	2.00	20.31	0.58	93.3	2.66	22.30	14.26	0.74	8.04	10.54	0.17	13.60	19.60	/	/	75~84	70~80	55~75	55~75
2-3a	淤泥质粉质黏土	1.72	47.29	1.36	96.3	2.71	40.57	22.27	1.45	18.30	3.45	1.07	11.78	4.25	/	110~190	/	110~190	100~140	100~140
2-3b	粉质黏土	1.97	26.30	0.72	95.0	2.70	30.70	17.28	0.73	13.42	7.60	0.25	25.81	11.20	/	150~210	220	150~210	150~370	150~210
2-4	中粗砂	2.06	14.75	0.47	83.0	2.64	29.39	15.96	0.29	13.43	7.85	0.23			/	1000~150	95	100~150	80~210	100~150
3-4	淤泥质粉质黏土	1.63	53.95	1.66	97.6	2.71	42.65	24.48	1.72	18.17	2.27	1.43	12.78	2.60	/	/	/	50~80	50~65	50~80
3-4a	中粗砂		9.60												/	/	/	180~200	/	180~200
3-5	粉质黏土	1.94	27.33	0.77	95.1	2.69	30.00	16.92	0.84	13.08	7.90	0.31	20.71	7.90	/	90~150	/	90~150	100~130	100~130
3-7	中粗砂	2.03	13.67	0.56	96.0	2.63					20.27	0.08			/	/	/	160~250	/	160~250
3-8	砾砂		10.30												/	/	/	180~300	/	180~300
5-1	粉质黏土	2.04	17.50				28.50	15.80	0.21	12.70					/	/	/	130~180	/	130~180

工程地质层编号	岩土名称	土工试验指标统计值													承载力特征				承载力容许值	
		密度	含水量	孔隙比	饱和度	土粒相对密度	液限	塑限	液限指数	塑限指数	压缩模量	压缩系数	直剪试验 黏聚力	直剪试验 内摩擦角	依据重型动探试验确定	依据标准贯入试验确定	依据静力触探试验确定	建议值	按公路规范确定	建议值
		ρ_0	ω	e_0	S_r	G_s	ω_L	ω_p	I_P	I_L	Es_{1-2}	α_{1-2}	C	φ						
		g/cm^3	%		%		%	%			MPa	MPa^{-1}	kPa	°	kPa	kPa	kPa	kPa	kPa	kPa
5-2	中粗砂	2.09	14.80				23.10	12.40	0.25	10.70					/	/	170~230	170~230	150~370	150~250
6-1	黏土	1.78	47.99	1.21	95.8	2.71	49.11	25.98	0.96	23.13	5.73	0.49	26.13	7.20	/	100~280	140	100~280	100~210	100~210
6-1a	粉细砂	2.05	14.03				18.80	10.80		8.00					/	/	/	150~180	/	150~180
6-1b	中粗砂	2.09	13.58				29.40	14.70		14.70					/	150~200	/	150~200	/	150~200
6-2	粉质黏土与粉细砂互层	1.82	32.68	1.10	95.9	2.71	37.74	20.87	1.15	16.87	9.88	0.29	30.73	10.19	/	/	/	150~180	/	150~180
6-2a	中粗砂	1.78	24.25				40.30	19.20	0.98	21.10					/	/	/	190~250	/	190~250
6-3	中粗砂		13.70												/	/	/	190~250	/	190~250
7-1	粉质黏土	1.86	31.60	0.91	92.3	2.69	33.97	19.06	0.88	14.91	18.09	0.14	54.85	18.96	265~425	230~450	/	230~450	400~530	400~530
7-1a	粉细砂	1.77	27.69	1.00	78.0	2.65	25.74	16.96	1.29	8.78	17.96	0.15	54.24	25.20	/	160~270	/	160~270	110~300	110~300
7-2	贝壳碎屑砂	1.85	29.48	0.84	88.9	2.66	26.00	16.59	1.42	9.41	20.12	0.14	58.04	24.09	400~640	200~290	208~250	200~400	370~450	370~450
7-2a	粉质黏土	1.92	26.92	0.79	92.5	2.69	29.91	17.80	0.81	12.10	25.58	0.12	78.29	21.71	250~360	/	/	250~360	400~500	400~450
7-3	粉质黏土	1.97	23.53	0.68	92.4	2.69	29.64	17.14	0.54	12.50	30.67	0.08	85.78	22.69	350~500	/	/	350~450	370~600	370~450
7-3a	贝壳碎屑砂	1.92	26.55	0.80	86.0	2.66	24.37	15.57	1.27	8.81	21.43	0.08	36.96	20.80	/	300~320	/	300~320	450	300~450
7-4	贝壳砂砾岩	1.98	19.66	0.67	89.5	2.68	24.30	14.31	0.73	9.99	22.79	0.07			/	/	/	500~800	/	500~800
7-4a	粉质黏土						42.90	20.60		22.30					/	/	/	400~450	/	400~500

注：1. 承载力范围值按统计指标的大值平均值和小值平均值确定，松散状态的砂类土承载力小值结合工程经验确定、砂类土承载力容许值按水下状态取值；
2. 承载力建议值参照工程经验确定；
3. 贝壳碎屑砂按中砂、粗砂算承载力。

表 5-4　海湾沉积黏性土亚区（$Ⅰ_3$）各（岩）土层承载力值表

工程地质编号	岩土名称	承载力特征值/kPa				承载力容许值/kPa	
		依据重型动探试验确定	依据标准贯入试验确定	依据静力触探试验确定	建议值	按公路规范确定	建议值
2-1a	粉质黏土	/	/	/	90~130	/	90~130
2-1b	淤泥质粉质黏土	/	/	/	50~80	/	50~80
4-1	粉质黏土	/	/	/	130~160	/	130~160
4-3	中风化玄武岩	/	/	/	1500~2000	/	1500~2000
6-1	黏土	/	/	/	100~200	/	100~200
6-1b	中粗砂	/	/	/	150~200	/	150~200
7-2	粉质黏土	/	/	/	200~400	/	200~400
7-3	粉质黏土	/	/	/	350~450	/	370~600
7-4	贝壳砂砾岩	/	/	/	500~800	/	500~800
8-1	粉质黏土	/	/	/	350~450	/	350~500
8-2	中粗砂	/	/	/	400~500	/	400~500
8-3	粉质黏土与粉细砂	/	/	/	350~450	/	350~450

注：1. 承载力范围值按统计指标的大值平均值和小值平均值确定，松散状态的砂类土承载力小值结合工程经验确定、砂类土承载力容许值按水下状态取值；

2. 承载力建议值参照工程经验确定；

3. 贝壳碎屑砂按中砂、粗砂算承载力。

表 5-5　河口三角洲沉积黏性土亚区（$Ⅱ_1$）各（岩）土层承载力值表

工程地质层编号	岩土名称	土工试验指标统计值													承载力特征				承载力容许值	
		密度	含水量	孔隙比	饱和度	土粒相对密度	液限	塑限	液限指数	塑限指数	压缩模量	压缩系数	直剪试验 黏聚力	直剪试验 内摩擦角	依据重型动探试验确定	依据标准贯入试验确定	依据静力触探试验确定	建议值	按公路规范确定	建议值
		ρ_0	ω	e_0	S_r	G_s	ω_L	ω_p	I_P	I_L	Es_{1-2}	α_{1-2}	C	φ						
		g/cm³	%		%		%	%			MPa	MPa^{-1}	kPa	°	kPa	kPa	kPa	kPa	kPa	kPa
0-0	人工填土	1.98	20.73				25.55	16.25	0.81	9.30										
3-1	粉质黏土	1.93	27.35	0.76	93.3	2.70	32.93	18.00	0.64	14.93	7.23	0.26	30.24	9.4	/	100~150	149~288	100~150	100~130	100~130
3-2	粉细砂	2.05	17.45	0.52	84.0	2.68	21.20	11.80	0.49	9.40	14.78	0.10			/	100~140	260	100~140	80~190	80~190
3-3	中粗砂		13.13				17.10	11.80		5.30					/	140~200	295~305	140~200	150~330	150~200
3-4	淤泥质粉质黏土	1.68	51.52	1.51	96.8	2.70	42.63	23.83	1.63	18.79	2.43	1.28	11.87	5.38	/	/	60~88	60~90	55~90	55~90
3-4a	中粗砂		12.14												/	170~200	/	170~200	150~330	150~200
3-4b	粉细砂	1.89	24.03				22.40	14.55	1.73	7.85					/	120~150	/	120~150	80~190	80~150
3-5	粉质黏土	1.93	29.02	0.78	95.4	2.69	31.29	17.79	0.87	13.50	14.62	0.14	32.4	12.4	/	140~260	175	140~150	100~130	100~130
3-6	粉细砂	2.10	16.70	0.45	93.0	2.65	18.56	11.00	0.77	7.56	12.04	0.12			/	100~140	418	100~140	80~190	80~140
3-7	中粗砂	1.99	12.36				31.20	17.80		13.40					/	180~250	383~442	180~250	160~360	160~250
3-8	砾砂		10.59				16.00	12.20		3.80					/	/	/	180~300	/	180~300
4-1	粉质黏土	1.66	52.38	1.53	95.7	2.73	66.63	40.35	0.51	26.28	8.68	0.30	32.29	12	/	120~160	195	120~160	/	120~160

续表

工程地质层编号	岩土名称	土工试验指标统计值													承载力特征				承载力容许值	
		密度	含水量	孔隙比	饱和度	土粒相对密度	液限	塑限	液限指数	塑限指数	压缩模量	压缩系数	直剪试验		依据重型动探试验确定	依据标准贯入试验确定	依据静力触探试验确定	建议值	按公路规范确定	建议值
													黏聚力	内摩擦角						
		ρ_0	ω	e_0	S_r	G_s	ω_L	ω_p	I_P	I_L	Es_{1-2}	α_{1-2}	C	φ						
		g/cm³	%		%		%	%			MPa	MPa^{-1}	kPa	°	kPa	kPa	kPa	kPa	kPa	kPa
6-1	黏土	1.72	55.31	1.62	97.3	2.71	52.77	28.18	1.06	24.58	5.35	0.98	28.17	7.43	/	110~180	193	110~180	/	110~180
6-1b	中粗砂		14.85				18.40	11.55	0.67	6.85					/	/	/	150~180	/	150~180
6-2	粉质黏土与粉细砂互层	1.96	29.50				19.50	15.10	3.27	4.40					/	/	/	150~180	/	150~180
7-1	粉质黏土	1.89	28.61	0.85	92.3	2.70	35.65	19.34	0.61	16.31	24.78	0.13	84.79	22.17	/	360~500	540	360~450	380~510	380~450
7-1a	粉细砂	1.96	24.70	0.72	88.0	2.65	25.88	15.30	0.79	10.58	4.58	0.38	29.12	22.4	/	170~250	/	170~250	330~370	170~250
7-2	贝壳碎屑砂	1.78	30.60				27.10	16.60	1.46	10.50					280~600	250~380	/	250~380	370~450	370~450
7-2a	粉质黏土	1.94	25.34	0.71	92.3	2.69	30.75	17.44	0.64	13.31	31.41	0.07	86.59	22.9	300~425	/	/	300~450	440~560	300~450
7-3	粉质黏土	1.97	23.52	0.68	92.9	2.69	32.22	17.65	0.43	14.56	31.67	0.08	92.68	23.52	400~500	/	/	400~450	/	400~450
7-3a	贝壳碎屑砂	1.90	25.57	0.67	94.0	2.66	25.68	15.77	1.06	9.92	36.37	0.05	69.04	29.6	/	/	/	350~450	/	350~450
7-4	贝壳砂砾岩	2.07	16.30				24.39	14.99	0.50	9.40					/	/	/	500~800	/	500~800
7-4a	粉质黏土	2.01	18.60				33.60	17.20	0.09	16.40					/	/	/	350~450	/	350~450

注：1. 承载力范围值按统计指标的大值平均值和小值平均值确定，松散状态的砂类土承载力小值结合工程经验确定、砂类土承载力容许值按水下状态取值；

2. 承载力建议值参照工程经验确定；

3. 贝壳碎屑砂按中砂、粗砂算承载力。

表 5-6 河口三角洲沉积砂类土亚区（II_2）各（岩）土层承载力值表

工程地质层编号	岩土名称	土工试验指标统计值													承载力特征				承载力容许值	
		密度	含水量	孔隙比	饱和度	土粒相对密度	液限	塑限	液限指数	塑限指数	压缩模量	压缩系数	直剪试验		依据重型动探试验确定	依据标准贯入试验确定	依据静力触探试验确定	建议值	按公路规范确定	建议值
													黏聚力	内摩擦角						
		ρ_0	ω	e_0	S_r	G_s	ω_L	ω_P	I_P	I_L	Es_{1-2}	α_{1-2}	C	φ						
		g/cm^3	%		%		%	%			MPa	MPa^{-1}	kPa	°	kPa	kPa	kPa	kPa	kPa	kPa
0-0	人工填土	1.97	19.57	0.64	82.0	2.65	22.00	13.65	0.87	8.35	7.30	0.22								
3-1	粉质黏土	1.90	26.57	0.70	87.0	2.67	31.44	17.41	0.69	14.03	8.85	0.23	17.28	12.00	/	/	150~203	100~150	/	100~150
3-2	粉细砂	1.90	17.83	0.73	80.2	2.65	20.87	15.13	1.85	5.73	14.07	0.14	17.00	20.80	/	100~140	175~364	100~140	80~190	80~140
3-3	中粗砂	2.03	13.84	0.55	87.5	2.65	22.07	13.08	0.53	8.98	9.66	0.19			/	150~200	152~427	150~200	150~330	150~200
3-4	淤泥质粉质黏土	1.76	42.51	1.26	95.4	2.70	35.96	20.58	1.54	15.38	4.01	0.87	15.63	5.90	/	/	58~88	50~90	50~90	50~90
3-4a	中粗砂	2.08	14.83	0.47	91.0	2.63					17.73	0.08			/	150~200	227	150~200	150~330	150~200
3-4b	粉细砂	1.90	25.88	1.05	96.7	2.68	25.39	16.22	1.39	9.17	12.28	0.56	18.16	10.00	/	100~150	140~228	100~150	80~200	80~150
3-5	粉质黏土	1.87	34.29	0.90	95.6	2.70	35.19	19.75	0.92	15.44	10.43	0.24	31.39	9.52	/	150~330	170~270	150~170	/	150~170
3-6	粉细砂	2.05	17.44	0.79	95.0	2.65	24.07	15.60	0.84	8.47	10.65	0.17			/	140~180	256~461	140~180	90~210	140~180
3-7	中粗砂	2.06	14.89	0.47	90.5	2.63	22.40	13.97	1.02	8.43	20.94	0.08	7.44	24.00	240~440	190~300	300~451	190~300	330~450	190~300
3-8	砾砂	2.09	11.60				19.96	12.11	0.65	7.84					/	/	330~520	180~300	/	180~300
6-1	黏土	1.82	38.61	0.98	96.0	2.71	45.75	23.69	0.75	22.06	11.90	0.22	35.69	8.90	/	160~260	/	160~260	/	160~260

续表

工程地质层编号	岩土名称	土工试验指标统计值														承载力特征				承载力容许值	
		密度	含水量	孔隙比	饱和度	土粒相对密度	液限	塑限	液限指数	塑限指数	压缩模量	压缩系数	直剪试验		依据重型动探试验确定	依据标准贯入试验确定	依据静力触探试验确定	建议值	按公路规范确定	建议值
													黏聚力	内摩擦角						
		ρ_0	ω	e_0	S_r	G_s	ω_L	ω_p	I_P	I_L	Es_{1-2}	α_{1-2}	C	φ						
		g/cm³	%		%		%	%			MPa	MPa^{-1}	kPa	°	kPa	kPa	kPa	kPa	kPa	kPa
6-1a	粉细砂	1.99	22.07				24.37	17.67	1.02	6.70					/	140~220	/	140~220	90~250	140~220
6-1b	中粗砂	2.13	12.20												/	200~220	/	200~220	330~370	200~220
6-2	粉质黏土与粉细砂互层	1.88	26.24				23.73	15.48	1.59	8.25					/	/	/	150~180	/	150~180
7-1	粉质黏土	1.90	29.20	0.85	94.5	2.70	35.70	19.32	0.64	16.38	21.56	0.12	62.47	18.78	240~375	400~450	254	240~450	260~450	260~450
7-1a	粉细砂	1.97	23.30	0.69	92.0	2.65	21.81	14.88	1.34	6.93	6.96	0.24	13.68	21.60	200~250	160~250	/	160~250	110~300	110~300
7-2	贝壳碎屑砂	1.83	30.73	0.77	94.5	2.66	27.48	16.84	1.37	10.64	13.69	0.19	89.76	24.80	380~640	220~345	/	220~350	370~450	220~345
7-2a	粉质黏土	1.95	25.07	0.72	93.6	2.70	32.99	17.62	0.54	15.37	31.76	0.07	86.31	22.87	375~500	/	/	380~500	435~600	435~600
7-3	粉质黏土	1.98	22.07	0.66	92.0	2.69	30.61	16.66	0.42	13.95	32.60	0.07	94.61	24.27	400~500	/	/	400~500	450~600	450~600
7-3a	贝壳碎屑砂		26.37				23.85	15.58	1.37	8.27					/	/	/	400~450	/	400~450
7-4	贝壳砂砾岩	2.02	17.05				22.75	13.44	0.64	9.31					/		/	500~800	/	500~800
7-4a	粉质黏土		27.10				22.50	14.60	1.58	7.90					/	/	/	350~450	/	350~450

注：1. 承载力范围值按统计指标的大值平均值和小值平均值确定，松散状态的砂类土承载力小值结合工程经验确定、砂类土承载力容许值按水下状态取值；
2. 承载力建议值参照原位测试并结合工程经验确定；
3. 贝壳碎屑砂按中砂、粗砂算承载力。

表 5-7 冲洪积平原区（Ⅲ）各（岩）土层承载力值表

工程地质层编号	岩土名称	土工试验指标统计值													承载力特征				承载力容许值	
		密度	含水量	孔隙比	饱和度	土粒相对密度	液限	塑限	液限指数	塑限指数	压缩模量	压缩系数	直剪试验 黏聚力	直剪试验 内摩擦角	依据重型动探试验确定	依据标准贯入试验确定	依据静力触探试验确定	建议值	按公路规范确定	建议值
		ρ_0	ω	e_0	S_r	G_s	ω_L	ω_p	I_P	I_L	Es_{1-2}	α_{1-2}	C	φ						
		g/cm³	%		%		%	%			MPa	MPa⁻¹	kPa	°	kPa	kPa	kPa	kPa	kPa	kPa
0-0	人工填土	1.98	21.60	1.18	97.0	2.72	25.60	13.68	0.60	11.93	2.96	0.74								
5-1	粉质黏土	2.00	19.46	0.79	85.0	2.69	25.23	12.97	0.52	12.26	5.59	0.36	16.12	12.80	/	130~300	170	130~170	/	130~170
5-2	中粗砂	2.00	13.13				27.51	14.26	0.17	13.26					/	150~210	/	150~210	150~370	150~210
6-1	黏土	1.79	44.38	1.27	96.7	2.72	50.07	25.01	0.76	25.06	5.97	0.68	29.71	6.72	/	130~285	169	130~200	/	130~200
6-1a	粉细砂	1.99	20.15				22.55	13.90	0.74	8.65					/	/	/	100~140	/	100~140
6-1b	中粗砂	2.07	13.54	0.47	85.0	2.63	22.03	11.63	0.38	10.40	20.16	0.07	10.00	24.00	/	160~260	/	160~260	150~370	160~260
6-2	粉质黏土与粉细砂互层	1.96	18.48				24.70	13.80	1.23	10.90					/	/	/	150~180	/	150~180
6-3	中粗砂	1.96	19.20				35.80	18.40	0.05	17.40										
7-1	粉质黏土	1.73	46.37	1.27	97.3	2.72	54.25	29.87	0.77	24.38	15.88	0.16	42.11	11.84	/	260~450	/	260~450	380~470	260~450
7-2	贝壳碎屑砂	1.82	28.85	0.88	89.3	2.64	26.72	16.34	1.25	10.37	21.17	0.09	48.20	27.20	180~400	210~330	/	180~400	330~370	180~400
7-2a	粉质黏土	1.94	25.56	0.75	91.6	2.69	30.00	17.26	0.65	12.74	28.50	0.07	82.11	23.66	/	335~450	/	330~450	430~510	330~450
7-3	粉质黏土	1.98	24.18	0.70	93.2	2.69	31.15	17.88	0.50	13.27	31.88	0.06	89.69	24.13	250~375	/	/	250~350	490~600	250~350
7-3a	贝壳碎屑砂	1.97	21.55				22.80	14.15	0.89	8.65					/	/	/	180~400	/	180~400
7-4	贝壳砂砾岩	1.98	16.51				22.57	13.53	0.36	9.04					/	/	/	500~800		500~800
7-4a	粉质黏土		28.30				22.80	15.80	1.79	7.00					/	/	/	350~450		350~450

注：1. 承载力范围值按统计指标的大值平均值和小值平均值确定，松散状态的砂类土承载力小值结合工程经验确定、砂类土承载力容许值按水下状态取值；
2. 承载力建议值参照原位测试并结合工程经验确定；
3. 贝壳碎屑砂按中砂、粗砂算承载力。

表 5-8 河流一级阶地区（Ⅳ）各（岩）土层承载力值表

工程地质编号	岩土名称	承载力特征值/kPa	承载力容许值/kPa
		建议值	建议值
1-2a	淤泥质粉质黏土	50~70	50~70
1-2	粉细砂	100~140	100~140
1-3	中粗砂	100~150	100~150
1-4	砾砂	150~200	150~200
2-2	中粗砂	100~150	100~150
3-4	淤泥质粉质黏土	50~70	50~70
3-4b	粉细砂	100~140	100~140
3-8	砾砂	180~300	180~300
6-1	黏土	130~180	130~180
6-1b	中粗砂	160~260	160~260
7-1	粉质黏土	260~450	260~450
7-2	贝壳碎屑砂	180~400	180~400
7-3	粉质黏土	250~400	250~400
7-3a	贝壳碎屑砂	200~400	200~400
7-4	贝壳砂砾岩	500~800	500~800
8-2	中粗砂	350~450	350~450

注：1. 承载力范围值按统计指标的大值平均值和小值平均值确定，松散状态的砂类土承载力小值结合工程经验确定砂类土承载力容许值按水下状态取值；

2. 承载力建议值参照原位测试并结合工程经验确定；

3. 贝壳碎屑砂按中砂、粗砂算承载力。

表 5-9　火山岩台地区（V）各（岩）土层承载力值表

工程地质层编号	岩土名称	土工试验指标统计值													承载力特征				承载力容许值	
		密度	含水量	孔隙比	饱和度	土粒相对密度	液限	塑限	液限指数	塑限指数	压缩模量	压缩系数	直剪试验 黏聚力	直剪试验 内摩擦角	依据重型动探试验确定	依据标准贯入试验确定	依据静力触探试验确定	建议值	按公路规范确定	建议值
		ρ_0	ω	e_0	S_r	G_s	ω_L	ω_p	I_P	I_L	Es_{1-2}	α_{1-2}	C	φ						
		g/cm^3	%		%		%	%			MPa	MPa^{-1}	kPa	°	kPa	kPa	kPa	kPa	kPa	kPa
0-0	人工填土	1.86	29.50	0.89	90.0	2.72	53.20	24.70	0.17	28.50	7.26	0.26	49.92	12.00						
4-1	粉质黏土	1.71	46.06	1.37	93.7	2.71	59.50	37.25	0.53	22.24	10.00	0.36	40.61	13.29		130~260	140~334	130~260	/	130~260
4-2	含黏土角砾	1.70	52.20	1.35	95.6	2.69	53.01	34.96	1.03	18.05	12.86	0.29	32.43	14.40	/	110~260	235~365	110~260		
4-3	玄武岩		47.73				41.73	28.73	1.48	13.00					/	/	/	1500~2000	/	1500~2000
5-1	粉质黏土	1.85	31.92	1.09	94.0	2.72	43.53	22.42	0.60	21.12	12.74	0.17	61.68	11.20	/	130~156	210、345	130~160		130~160
5-2	中粗砂	1.94	17.62	0.59	66.7	2.64	35.73	17.84	0.17	17.89	9.38	0.17	28.24	23.20	/	180~229	152~220	150~230		150~230
6-1	黏土	1.77	46.55	1.39	95.9	2.71	54.52	28.40	0.70	26.12	10.91	0.50	39.95	9.90	/	130~220	152~304	130~220	/	130~220
6-1a	粉细砂	1.99	17.87	0.63	88.8	2.64	21.11	13.05	0.66	8.06	18.74	0.09	11.46	25.40	/	140~172	/	140~170	90~210	100~210
6-1b	中粗砂	2.03	15.42	0.59	83.3	2.64	23.69	12.67	0.33	11.03	14.36	0.12	6.80	16.00	/	185~250	194~300	180~250	/	180~250
6-2	粉质黏土与粉细砂互层	1.85	30.16	1.10	95.0	2.72	34.88	18.68	0.92	16.20	14.98	0.15	34.40	12.00	/	/	/	150~180	/	150~180
7-1	粉质黏土	1.83	35.28	0.99	96.1	2.70	41.54	22.71	0.71	18.83	22.48	0.16	71.46	16.80	240~410	234~450	/	240~450	400~560	240~450
7-2	贝壳碎屑砂	1.88	29.04	0.77	92.4	2.66	29.02	17.84	1.13	11.18	26.58	0.12	51.04	23.80	280~590	236~396	274	280~400	370~450	280~400
7-2a	粉质黏土	1.95	24.64	0.72	92.4	2.69	30.60	17.82	0.55	12.78	32.18	0.07	89.61	23.80	/	430~450	/	430~450	470~600	430~450
7-3	粉质黏土	1.96	25.05	0.70	93.5	2.69	32.74	18.25	0.49	14.49	34.79	0.06	94.86	23.97	365~500	450	/	360~450	510~600	360~450
7-3a	贝壳碎屑砂	1.84	25.71	0.87	79.0	2.64	25.39	15.40	1.02	9.99	18.60	0.11	44.04	31.20	450~640	272~380	/	300~450	/	300~450
7-4	贝壳砂砾岩	1.98	18.56	0.49	78.5	2.64	23.95	14.50	0.54	9.45	13.11	0.12	27.04	27.20	/	/	/	500~800	/	500~800
7-4a	粉质黏土	1.96	24.44				32.61	17.16	0.55	15.45					/	/	/	350~450	/	350~450

注：1. 承载力范围值按统计指标的大值平均值和小值平均值确定，松散状态的砂类土承载力小值结合工程经验确定、砂类土承载力容许值按水下状态取值；
2. 承载力建议值参照原位测试并结合工程经验确定；
3. 贝壳碎屑砂按中砂、粗砂算承载力。

表 5-10　江东新区 100m 深度工程地质分区基本特征表

工程地质分区		分布范围	工程地质标准层			工程地质基本特征及问题			
区	亚区		层组	层	夹层	天然地基条件	桩基条件	主要工程地质问题	其他环境地质问题
滨海堆积平原区（Ⅰ）	滨海沉积砂类土亚区（$Ⅰ_1$）	分布于江东新区西北—北部沿海一带，包括东营村西北、大昌村—振家社区一线以北沿海区域	0、2、3、5、6、7	2-1、2-2、2-3、2-4、3-2、3-4、3-5、3-6、3-7、3-8、5-1、6-1、6-2、6-3、7-1、7-2、7-3、7-4	2-1a、2-1b、2-3a、2-3b、2-4a、3-4a、3-4b、6-1a、6-1b、6-2a、7-1a、7-2a、7-3a、7-4a	第2、3工程地质层组（除3-8工程地质层外）的砂类土严重液化，厚度大，天然地基条件差，可采用按规范要求处理液化及软土措施后的复合地基；下卧层为第5工程地质层组和第6工程地质层组，工程性能较好，但埋藏较深，作为天然地基持力层不经济	第5工程地质层组的地层仅个别地段有分布，且厚度薄，桩基条件较差，不宜作为桩端持力层；第6工程地质层组分为砂类土层和黏性土层，工程性能较好，在厚度满足条件的情况下，桩基条件较好，均可作为桩端持力层；第7工程地质层组层位稳定，厚度大，承载力高，为优质的桩端持力层。此外，局部3-8工程地质层埋深大、厚度大的区域也可作为桩端持力层	第2-1、2-2、2-3、2-4、3-2、3-4a、3-4b、3-6、3-7工程地质层（夹层）为严重液化砂土，第2-1b、2-3a工程地质夹层为震陷软土	江东新区西北侧由于开发建设对沿岸防风林破坏，在东北季风的作用下，扬沙作用较严重。其他沿岸亦为砂质海岸，受东北季风、风暴潮、海流、波浪的共同作用，局部地段存在海岸侵蚀现象。区内分布较多的海、淡水养殖鱼塘，养殖污废水对浅层潜水的水质影响较大
	海积阶地砂黏土亚区（$Ⅰ_2$）	分布于江东新区中北部，包括红丰村—桂林洋开发区—五一社区以北至江东大道以南区域	0、2、3、5、6、7	2-1、2-2、2-3、2-4、3-4、3-5、3-7、3-8、5-1、5-2、6-1、6-2、6-3、7-1、7-2、7-3、7-4	2-1a、2-1b、2-3a、2-3b、3-4a、6-1a、6-1b、6-2a、7-1a、7-2a、7-3a、7-4a	第2、3工程地质层组（除3-8工程地质层外）的砂类土严重液化，厚度大，且迂回沉积多层震陷软土，厚度分布不稳定，天然地基条件较差，可采用按规范要求处理液化及软土措施后的复合地基；下卧层为第5工程地质层组和第6工程地质层组，工程性能较好，但埋藏深，天然地基不经济	第5工程地质层组工程性能较好，桩基条件较好，可作为中、低层建筑的桩端持力层；第6工程地质层组分为砂类土和黏性土，工程性能均较好，在厚度满足条件的情况下，桩基条件较好，均可作为桩端持力层；第7工程地质层组层位稳定，厚度大，承载力高，为优质的桩端持力层。此外，局部3-8工程地质层埋深大、厚度大的区域也可作为桩端持力层	第2-1、2-2、2-3、2-4、3-4a、3-7工程地质层（夹层）为严重液化砂土；第2-1b、2-3a工程地质夹层为震陷软土	本亚区北侧紧靠海岸，为砂质海岸，受东北季风、风暴潮、海流的共同作用，表层砂土被侵蚀现象较严重。区内分布较多的淡水养殖业，养殖污废水对浅层潜水的水质影响较大

续表

工程地质分区		分布范围	工程地质标准层			工程地质基本特征及问题			
区	亚区		层组	层	夹层	天然地基条件	桩基条件	主要工程地质问题	其他环境地质问题
	海湾沉积黏性土亚区（Ⅰ$_3$）	分布于江东新区东南角，包括罗豆圩以南至三江镇	2、6、7、8	6-1、7-3、7-4、8-1、8-2	2-1a、2-1b、6-1b	第2工程地质层组中砂类土严重液化，厚度较小，天然地基条件差，不宜直接作为天然地基持力层；黏性土土质不均匀，层位不稳定，工程性能较差，天然地基条件差，不宜作天然地基持力层。可采用按规范要求处理液化及软土措施后的复合地基。下卧层为第6工程地质层组，工程性能较好，但埋藏深，作天然地基不经济	第6工程地质层组分砂类土和黏性土，工程性能均较好，在厚度满足条件的情况下，桩基条件较好，均可作为桩端持力层；第7工程地质层组层位稳定，厚度大，承载力高，为优质的桩端持力层。此外，局部3-8工程地质层埋深大、厚度大的区域也可作为桩端持力层	第2-1、2-2、2-3、2-4工程地质层为严重液化砂土；第2-1b、2-3a工程地质夹层为震陷软土	主要分布于东寨港南侧岸边，受政府政策的保护，红树林保护得完整
河口三角洲平原区（Ⅱ）	河口三角洲沉积黏性土亚区（Ⅱ$_1$）	分布于江东新区西部，主要包括白驹大道田上村—儒林村—道户村一带	0、1、2、3、4、6、7、8	0、1-1、1-3、2-2、3-1、3-2、3-3、3-4、3-5、3-6、3-7、3-8、4-1、6-1、6-2、7-1、7-2、7-3、7-4、8-1、8-2、	3-4a、3-4b、6-1a、6-1b、7-1a、7-2a、7-3a、7-4a	第1~3工程地质层组（除3-8工程地质层外）的砂类土严重液化，且厚度大，天然地基条件较差，可采用按规范要求处理液化及软土措施后的复合地基；下卧第6工程地质层组工程性能较好，但埋藏深，天然地基不经济	第6工程地质层组分砂类土和黏性土，工程性能均较好，在厚度满足条件的情况下，桩基条件较好，均可作为桩端持力层；第7工程地质层组层位稳定，厚度大，承载力高，为优质的桩端持力层。此外，局部3-8工程地质层埋深大、厚度大的区域也可作为桩端持力层	第2-2、3-2、3-4a、3-4b、3-6、3-7工程地质层（夹层）均为严重液化砂土；第3-4工程地质层为震陷软土	南渡江河口段受洪水的不断侵蚀，造成河岸坍塌东移。其他沿岸段，由于人工无序开采河砂，不但使河床不断加深，加剧了河岸的切割侵蚀，河岸崩塌
	河口三角洲沉积砂类土亚区（Ⅱ$_2$）	分布于江东新区西部，主要包括白驹大道—东营镇、北抚村—迈雅村一带	0、2、3、6、7、8	0、2-2、3-1、3-2、3-3、3-4、3-5、3-6、3-7、3-8、6-1、6-2、7-1、7-2、7-3、7-4、8-1	3-4a、3-4b、6-1a、6-1b、7-1a、7-2a、7-3a、7-4a	第2、3工程地质层组（除3-8工程地质层外）的砂类土均严重液化，且厚度较大，天然地基条件较差，可采用按规范要求处理液化及软土措施后的复合地基；下卧第6工程地质层组工程性能较好，但埋藏较深，天然地基不经济	第6工程地质层组分砂类土和黏性土，工程性能均较好，在厚度满足条件的情况下，桩基条件较好，均可作为桩端持力层；第7工程地质层组层位稳定，厚度大，承载力高，为优质的桩端持力层。此外，局部3-8工程地质层埋深大、厚度大的区域也可作为桩端持力层	第2-2、3-2、3-4a、3-4b、3-6、3-7工程地质层（夹层）均为严重砂土液化，第2-1b、2-3a工程地质夹层均为震陷软土	区内个别地段分布淡水鱼塘，鱼塘水对浅层潜水的水质有一定影响

续表

工程地质分区		分布范围	工程地质标准层			工程地质基本特征及问题			
区	亚区		层组	层	夹层	天然地基条件	桩基条件	主要工程地质问题	其他环境地质问题
冲洪积平原区（Ⅲ）		分布于灵山镇至桂林洋经济开发区两翼	0、5、6、7、8	0、5-1、5-2、6-1、6-2、7-1、7-2、7-3、7-4、8-1	6-1a、6-1b、6-2a、7-2a、7-3a、7-4a	第5工程地质层组地层直接出露地表，层位稳定，厚度较大，工程性能较好，天然地基条件较好，可作中、低层天然地基持力层。下卧第6工程地质层组，工程性能较好，但总体埋藏较深，局部埋藏较浅时，可作为天然地基持力层	第7工程地质层组层位稳定，层厚大，埋藏不深，承载力高，为优质的桩端持力层	本区工程地质条件较好	本区环境地质条件较好
河流一级阶地区（Ⅳ）		分布于江东新区西部南渡江东岸，包括群山村西侧	1、2、6、7、8	1-1、1-2、1-3、1-4、6-1、7-1、7-2、7-3、7-4、8-2	1-2a、2-1b、6-1b、7-3a	第1工程地质层组的砂类土为严重液化砂土，且厚度较大，天然地基条件较差，可采用按规范要求处理液化及软土措施后的复合地基；下卧第6工程地质层组工程性能较好，但埋藏较深，天然地基不经济	第6工程地质层组仅个别地段分布，厚度小，桩基条件较差，不宜作为桩端持力层；第7工程地质层组层位稳定，层厚大，承载力高，为优质的桩端持力层	第1-2、1-3、1-4工程地质层均为严重液化砂土，第1-2a工程地质夹层为震陷软土	本区主要分布南渡江沿岸，局部地段由于人工无序开采河砂，使河床不断加深，加剧了河岸的切割侵蚀、崩塌
火山岩台地区（Ⅴ）		广泛分布于研究区东部，包括灵山镇—桂林洋开发区—塔市一线以南广大地区	0、4、5、6、7、8	0、4-1、4-2、4-3、5-1、5-2、6-1、6-2、7-1、7-2、7-3、7-4、8-1、8-2、8-3	4-1a、6-1a、6-1b、6-2a、7-1a、7-2a、7-3a、7-4a	第4工程地质层组出露于地表，层位稳定，厚度大，工程性能较好，有一定的膨胀性，天然地基条件较好，可作中、低层天然地基持力层；下卧第5、6工程地质层组，工程性能较好，但埋藏较深，天然地基不经济	第7工程地质层组层位稳定，层厚大，承载力高，为优质的桩端持力层。但其上覆地层第4工程地质层组存在碎石或岩石、第5工程地质层组存在砾石或卵石、第6工程地质层组存在卵石，若采用预制桩时，应考虑成桩的难度	表层4-1工程地质层具有膨胀性，对低层建筑物天然地基有一定影响，整体工程地质条件较好	环境地质条件较好

第六章　沉积演化模式

一、新生代裂解沉陷阶段

新生代由于太平洋板块向亚洲大陆俯冲加剧，板块俯冲引起的弧后拉张导致地壳拉张下陷，雷琼地区形成了阶梯状新生代断陷盆地，调查区为琼北断陷盆地的一部分，盆地内接受了古近纪以来的沉积。古近系为河湖相红色碎屑岩建造夹可燃性有机岩建造、膏盐建造、火山岩建造，新近系为滨浅海相碎屑岩建造、火山岩建造，第四系则为滨浅海相碎屑岩建造、河流相—三角洲相碎屑岩建造、火山岩建造。该时期在喜马拉雅运动作用下，地壳升降运动频繁，导致多个不同岩石地层单位间普遍存在不整合接触关系，发育海积、河积阶地。受断裂活动影响，发生多次的地震活动和剧烈的玄武岩浆喷发或喷溢。琼北新生代断陷盆地的发展演化历史可分为早期张裂、强烈裂陷及断块差异上升 3 个阶段。

（一）早期张裂阶段

古近纪早期，在南海持续扩张背景下，东西向王五-文教构造带发生活动，琼北地区形成了一系列新生代断陷盆地。古新世时地壳发生裂陷，开始接受沉积，岩性总体以棕红、紫红色泥岩与紫红色或灰色砂砾岩、砂岩不等厚互层为特征，为洪冲积相沉积。始新世盆地进一步加深，形成湖泊相，盆地地势平坦，气候温暖湿润，湖水深浅交替，此时的动、植物大量繁殖，并接受一套以暗色（黑灰、灰、褐灰、深灰色）泥岩为主，夹灰白、灰黄色砂岩、砂砾岩的碎屑物质沉积，是形成油气和储油的层位。渐新世断陷作用加剧，盆地进一步拓宽和加深，局部发生海侵，沉积物为一套杂色泥岩、粉砂岩与灰白色砂岩、含砾砂岩及砂砾岩不等厚互层，中上部局部含有海绿石，属于湖泊相沉积，局部夹海相沉积。

（二）强烈裂陷阶段

早—中中新世盆地沉降作用加剧，海水完全侵入，湖盆消失，主要接受滨海相沉积，沉积物以碎屑建造为主，碎屑成分主要为石英，含少量海绿石等，局部发育平行层理。普遍含有孢粉化石、植物化石碎片（树木枝干），有孔虫、介形类、腹足类及双壳类等较繁盛，表明了当时气候温暖、阳光充足。

晚中新世—上新世，由于海侵加剧，盆地沉降等作用，各盆地开始连成一片形成统一的琼北断陷盆地。晚中新世盆地下部主要接受浅灰、灰绿色含砾砂岩、砂砾岩、砂岩夹灰绿色粉砂质泥岩，上部以灰、灰绿色砂岩与粉砂岩、粉砂质泥岩互层为特征，普遍含有海绿石，有孔虫、介形类、苔藓虫、腹足类、双壳类等生物较为繁盛。进入上新世，盆地继续沉降，海侵加深，其间发生火山喷发，沉积物以灰绿色、灰色、灰白色砂砾岩、砂质黏土、黏土等，局部夹玄武质凝灰岩，具水平层理，有孔虫、介形类、双壳类、腹足类等大量繁殖生长，表明当时的沉积环境水能量变化频繁。

（三）断块差异上升阶段

上新世末期琼北发生海退，整体抬升为陆并接受剥蚀，在上新统海口组顶部形成不整合面。至早更新世，琼北地区基本处于陆上环境，仅在海口秀英、澄迈花场、临高南宝、儋州新盈等地形成残留盆地，接受湖泊—河流相沉积，局部为滨海潮坪相沉积。中上部以灰、青灰色页状黏土层或亚黏土层为主，夹浅灰色砂和砾石层；下部为浅灰色砾石层、砂砾层和砂层。局部含双壳类、腹足类及孢粉化石。

中更新世地壳进一步抬升，湖盆消失，琼北广泛发育冲洪积相沉积，上部岩性为橘黄、棕红、褐红色砂质黏土、黏土质砂；下部岩性为黏土质砂、砂砾、砾石层，顶部常含玻璃陨石和铁质结核。同期基性火山活动强烈，形成大面积分布的玄武岩被，火山活动遍布整个琼北地区。

晚更新世在整体抬升的背景下，老城东部一带下陷接受了一套喷发—沉积相沉凝灰岩、沉火山角砾岩，上部含海绿石、有孔虫化石。局部相变为凝灰质砂岩、砂砾岩或黏土、砂质黏土，含碳化木。整体上为滨海潟湖相沉积。

全新世地壳继续抬升，在石山一带沿北西向断裂再次发生强烈火山活动，形成北西向分布的玄武岩。灵山—东营一带南渡江入海口形成三角洲相的琼山组；沿海地区形成了滨海沙堤和潟湖相的烟墩组；河流两岸形成河流阶地。

二、新近纪—第四纪沉积演化模式

（一）新近纪

晚中新世—上新世，由于盆地沉降，海侵加剧等作用，海口地层小区中的福山、加来-南宝及长坡等盆地开始连成一片，形成统一的琼北断陷盆地，沉积环境为广阔的浅海陆棚。浅海陆棚位于正常浪基面与陆架边缘之间，深度一般10~200m，宽度由数千米至数百千米不等。陆棚浅水区阳光充足，氧气充分，底栖生物大量繁殖。向陆架边缘深水区方向，因阳光和氧气不足，底栖生物大为减少。

早中新世时期，盆地主要接受浅灰、灰绿色含砾砂岩（粗粒）、砂岩夹灰绿色粉砂质泥岩沉积，普遍含有海绿石，有孔虫、介形类、苔藓虫等生物较为繁盛（图6-1）。随着盆地拗陷程度的不断加深，盆地晚期以灰、灰绿色砂岩与粉砂岩、粉砂质泥岩（细粒）互层为特征。

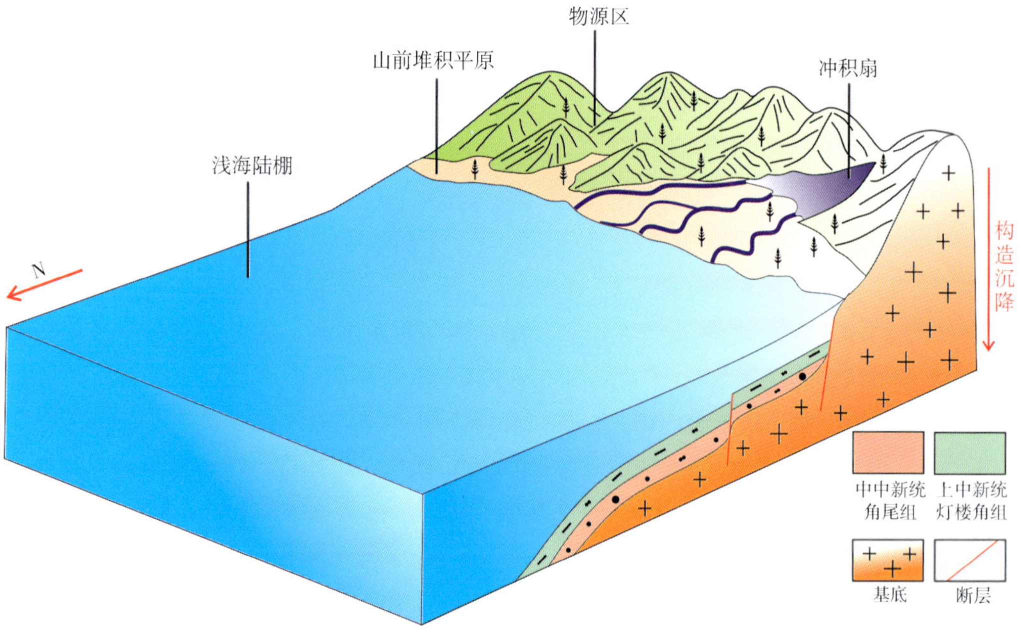

图6-1　江东新区中新世沉积模式图

进入上新世，盆地在整体沉降的基础上，有过两次明显的构造抬升，并且盆地迅速抬升后继续缓慢沉降，呈现振荡性沉降。海口组一段岩性以黄褐色、灰黄色（含）贝壳砂砾岩夹黄褐色、灰黄色含贝壳砾石粗砂等粗粒沉积为主，偶夹灰、灰黑色粉砂或粉砂质黏土，富含有孔虫、介形类、双壳类、腹足类及孢粉等化石，表明该时期水体较浅，阳光充足，气候温暖，水生动植物繁育；而该段沉积物粒度较粗指示当时的沉积环境为水体动荡，水动力条件比较强劲的无障壁海岸环境，沉积亚相为近滨环境。此外，海口组底部以灰黄色贝壳屑砂砾岩与上中新统灯楼角组灰绿色含粉砂质泥岩呈整合接触，两者在岩性上呈突变关系，说明晚中新世至上新世初期，盆地快速抬升，由之前的浅海陆棚环境变化为滨岸环境，水体变浅，水动力条件由弱变强，并开始接受陆源碎屑沉积，与滨岸带的海相贝壳生物一起沉积形成贝壳砂砾岩。海口组一段较粗的贝壳碎屑岩中夹杂着薄层的灰、灰黑色粉砂或粉砂质黏土，表明当时沉积环境水能量变化频繁。

海口组二段岩性以灰、灰黑色（含生物碎屑）黏土或（含生物碎屑）泥层为主，普遍夹浅灰黑色含贝壳碎屑泥质砂岩、砂质泥岩等。该段沉积物粒度总体较细，反映当时的沉积环境应为水动力条件弱，水体较深，受海浪影响微弱的浅海陆棚环境，细分到亚相应为滨外陆棚相。海口组一段和海口组二段之间岩相上的转变应该代表着一次沉积环境上的快速突变，在岩性特征方面，贝壳砂砾岩直接过渡到粉砂质泥岩，而不是由贝壳砂砾岩—粗砂岩向中细砂岩—粉砂质泥岩慢慢过渡，表明海口组一段和海口组二段之间的转换期可能伴随着一次全球变暖事件，导致海平面的快速上升；抑或者是一次盆地持续沉降事件，导致盆地的可容纳空间增加。结合琼北地层区的大地构造背景，海口组二段沉积初期盆地快速沉降更能合理解释海口组一段与二段之间的岩性、岩相突变问题。

海口组三段主要以灰白、灰色生物碎屑砂岩、含生物碎屑黏土质砂为主，偶夹灰色含生物碎屑粉砂质黏土，富含有孔虫、介形类、双壳类、腹足类及孢粉等化石。结合沉积物的粒度特征以及生物化石组成，说明该时期水体较浅，阳光充足，气候温暖，水生动植物繁育，水动力条件较强。海口组二段至三段岩性的快速变化，表明其沉积环境发生转变，构造抬升使水体较深、水动力较弱的浅海陆棚环境转变为水动力动荡、水位较浅的滨岸环境。

海口组四段主要为浅灰、灰色粉砂质黏土、黏土，含海绿石，岩石呈硬塑状，发育水平层理，偶夹生物碎屑砂岩。因其富含海绿石，且沉积物颜色为灰色、灰绿色、灰黑色，代表着海相还原环境，并且该段沉积物粒度细，黏土含量高，并且发育平行层理，说明当时沉积环境应该为水动力环境弱，水体较深的浅海陆棚环境，沉积亚相为滨外陆棚环境（图 6-2）。

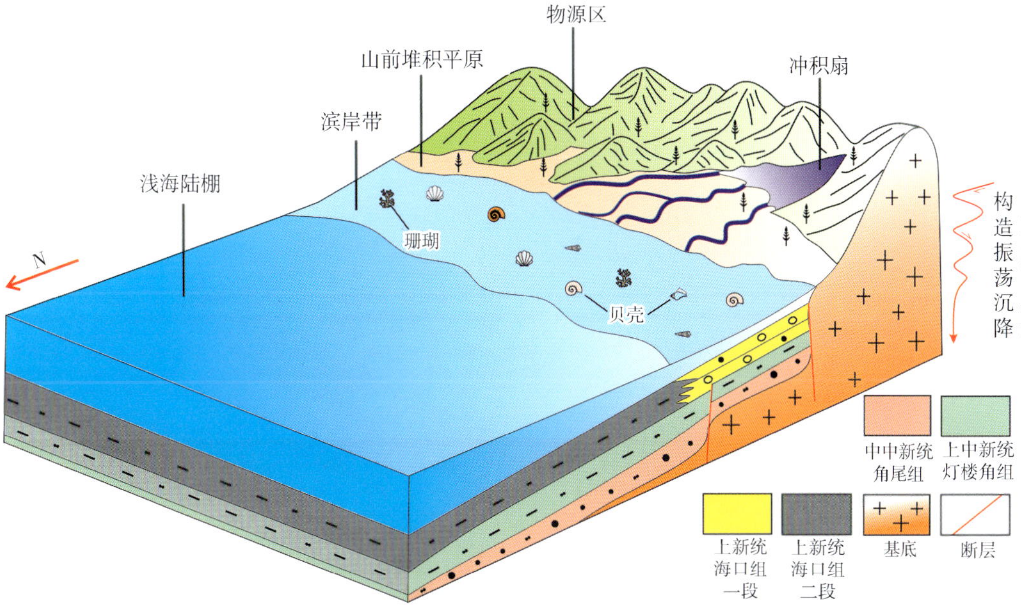

图 6-2　江东新区上新世沉积期沉积模式图

综上所述，海口组沉积期的构造环境为升降交替的振荡性沉降。构造环境动荡带来沉积环境在滨岸带与浅海陆棚之间的反复动荡。

江东新区东部边界 JDSK18 钻孔、南部边界 JDSK14 钻孔中均可见到新近纪地层，说明在新近纪沉积期，江东新区为一片汪洋。

（二）第四纪

1. 第四纪早期（早更新世）

早更新世继承了上新世的断块升降运动，但幅度大大减小。首先是琼北的坳陷开始解体，升降交替的复杂构造进一步发展。由于受北东向和北西向断裂的控制，整个琼北被北东和北西向的隆起所分隔，形成长坡、加来-临高、福山以及海口 4 个半隔绝的小型盆地，成为多个沉积中心。

江东新区位于海口盆地的东缘，区内秀英组岩性以杂色、黄褐色粉砂质黏土夹黄色、灰白色砂砾层为主，底部以红褐色、黄褐色中砂与海口组四段灰黑色含粉砂质黏土呈平行不整合接触，表明晚上新世与早更新世相交，江东新区沉积环境发生转变（图 6-3）。其中，海口组为海相沉积环境，秀英组为陆相湖泊环境，沉积环境的突变可能归因于基底构造隆升。随着地壳隆升，原先由海水覆盖的浅海环境转变为海陆交互带的三角洲环境，地势较低的凹陷形成湖泊，早期沉积了粒度较粗的砾砂层、粗中砂层，随着地表径流、大气降水等方式对湖泊水进行补充，湖盆面积不断扩大，湖水加深转变为半深湖—深湖区并开始接受细粒的粉砂、黏土沉积。同理，在枯水季或者蒸发量较大的时节，湖水变浅，原先的半深湖—深湖区渐变为滨湖区，河流输送的粗粒沉积物在滨湖区沉淀下来，并覆盖于之前的黏土之上。一个完整的岩性由粗粒—细粒—粗粒的旋回，代表着沉积环境由滨湖—半深湖—滨湖发展。在演丰镇以及江东新区起步区一带的钻孔中均可见秀英组地层，说明早更新世的构造抬升运动已经把江东新区完全抬升露出水面。秀英组沉积物中产出的孢粉化石亦说明当时的沉积环境为陆相环境。秀英组沉积期发育多个小型湖泊，多个小型湖泊联合形成一个大的湖盆。在早更新世，美兰机场—福创溪一带，琼山大道—演丰镇一带均位于湖盆中。

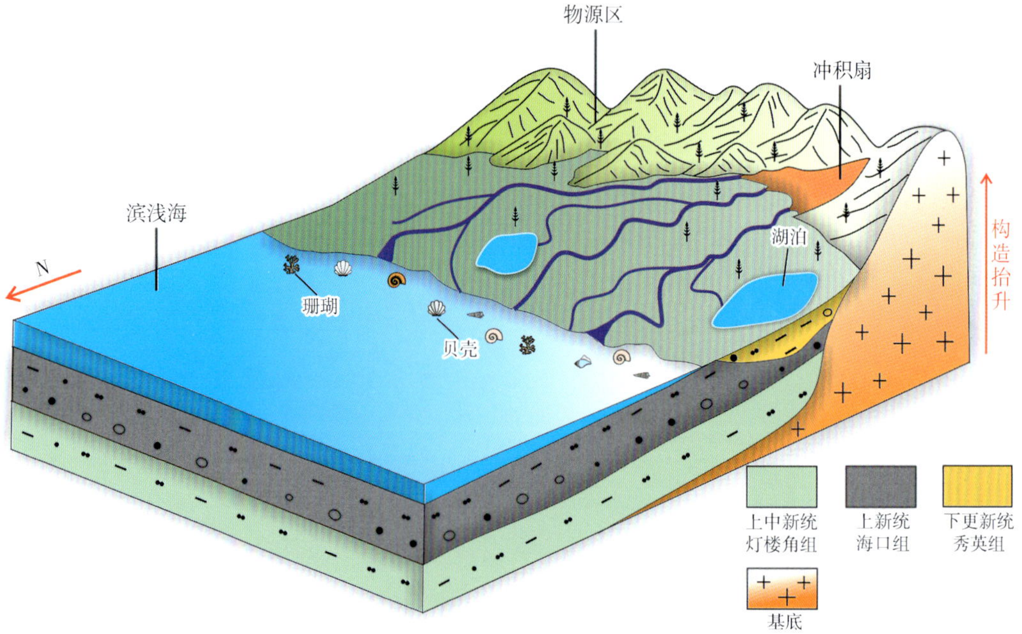

图 6-3　江东新区早更新世沉积期沉积模式图

2. 第四纪中期（中更新世）

中更新世由差异性的升降运动转为整体的间歇性抬升，北海组的冲积洪积地层分布于全岛海岸的大部分地段。

在湿热气候下，海南岛地壳升降运动较强烈地区的风化、剥蚀作用剧烈，其形成的产物被山区暂时性水流（雨水或洪水）或山区河流带走。当水流流出山口，地形坡度急剧变缓，水流向四方散开，流速骤减，水流携带的碎屑物质大量沉积，形成锥状或者扇状堆积体，它具有山区河流冲积成因的特点，因此被称为冲积扇。随着季节性洪水或者雨水的补充，冲积扇持续发育，其扇缘范围不断扩大，多个冲积扇扇缘逐渐联结起来，并掩埋和充填了山前的坡积物，形成冲积平原，冲积平原上发育河流、湖泊、沼泽等地貌（图 6-4）。

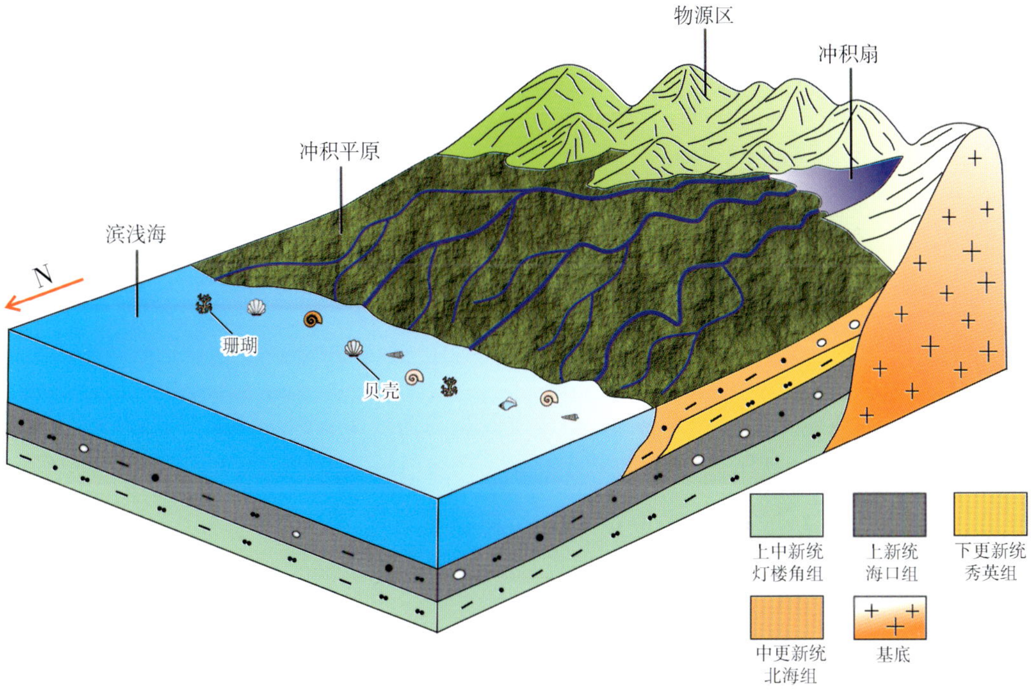

图 6-4　江东新区中更新世沉积期沉积模式图

江东新区北海组下部以黄褐色砾砂、含砾含黏土质中粗砂为主，未发现铁质结核等特征性矿物；上部岩性以黄褐色、红褐色含砾、含黏土中细砂或者细中砂为主。沉积物中包含不同粒度的砂土，分选性较差；并且砾石、粗砂等粗粒矿物的磨圆度较差。砾石成分有石英、脉石英、变质岩、玄武岩、花岗岩等碎屑。根据沉积物岩性组合特征，北海组沉积环境属于冲积扇沉积环境，亚相为扇中。北海组底部的砂砾层进一步可划分为辫状河道微相；顶部黄褐色黏土质砂层可划分为边滩微相，两者构成典型的河流二元结构。中更新世北海组主要发育两个沉降中心，最大厚度为 8~10m，主要分布于江东新区白驹大道以北至江东大道以南、抱历溪以东至桂林洋大学城以西。

中更新世中晚期，由于受到来自菲律宾海板块的北西西向挤压作用的影响，基底北西向断裂活动性增强。同时，因壳体冷却收缩，裂隙张开，壳下基性岩浆沿北东东和北西向裂隙广泛喷发，形成大规模玄武岩被。玄武岩岩浆由火山口溢流而出，沿着地形由高往低覆盖于中—晚更新世地层之上。江东新区多文组地层分布面积广，从南东起于东寨港，北西至道孟河南部，南西起于云龙镇，北东至塔市村，地表均被多文组玄武岩覆盖（图 6-5）。从灵山村往道孟河一带，玄武岩岩浆如同一只触手般伸进了道孟河。

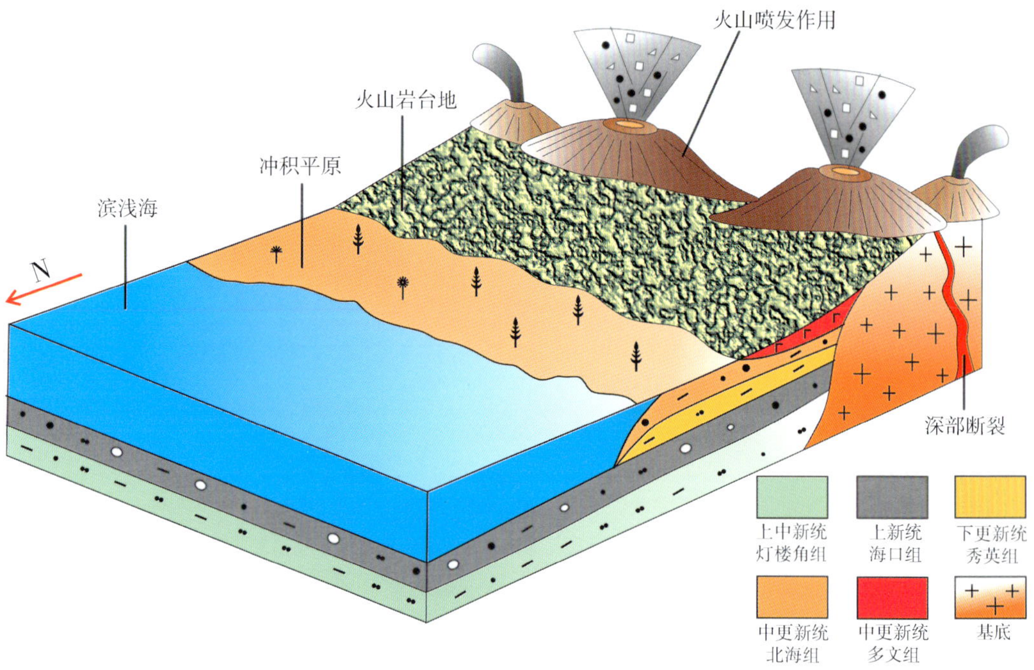

图 6-5　江东新区中更新世多文组沉积期沉积模式图

3. 第四纪晚期（全新世）

中全新世大西洋期，气候炎热湿润，海侵达到鼎盛。河流入海的河口区，水流展宽和潮流的顶托作用使流速骤减，河流搬运的泥沙负载下沉堆积成浅滩。这一过程不断重复，就形成了一个喇叭形向海延伸的多岔道河网系统，三角洲的雏形随之形成。

江东新区琼山组底部岩性为褐黄色、浅褐黄色粗砂层、砂砾层，在垂向上，粗砂层至中砂层渐变为灰黑色黏土，黏土中含碳化木，有机质含量高，由此构成第一个韵律。第二个韵律以浅灰色中细砂为底，该套旋回底部砂层粒度普遍比琼山组底部第一层砂层粒度细，岩性为灰色、灰黄色粗中砂、中细砂，顶部为淤泥质黏土，局部黏土层含有可燃气体。通过岩性组合特征可知，琼山组形成于海陆相互作用带的三角洲环境，进一步可细分为三角洲平原环境，包括分支河道亚相和沼泽亚相。分支河道亚相主要沉积褐黄色砂砾层、粗砂层和中细砂层。沼泽亚相主要沉积灰黑色淤泥质黏土层、黏土层、粉砂质黏土层。考虑到江东新区琼山组主要分布于南渡江东侧至道孟河西侧，南至灵山镇北侧，可推测琼山组沉积期，琼山大道至大昌村一带均为南渡江流域，南渡江由灵山镇北部入海，河沙在河口区受到潮流顶托作用下沉堆积成浅滩。浅滩淤高、增大，露出水面形成新月形河口沙坝，水流从沙坝顶端分成两股，形成两个分支河道并向外扩展，分支河道向外向前发展，在河口处形成新的次一级河口沙坝。这一过程不断重复，代表着三角洲不断发展壮大。从钻孔岩芯可以看出，江东新区琼山组沉积期三角洲的形成与南渡江存在密切关系。三角洲的东部边界层到达大昌村一带，之所以不再向东发展，应该是受到第四纪火山熔岩被的阻挡。

江东新区琼山组底部普遍见含卵石的砂砾层，代表河床滞留沉积，可以指示古河道位置。通过琼山组底部卵砾石层的分布位置与厚度绘制的沉积等厚图（图 6-6）可以看出：琼山组沉积期，古河流 A 自白驹大道西侧由南西向北东方向延伸，并最终于道孟河一带入海，该条古河流沿途经过的南岳溪和抱历溪可能是古河流 A 改道或者消亡后的残留痕迹。古河流 B 在椰海大道与琼山大道交汇处一带流入江东新区，由南往北平行现今琼山大道流淌，最终在东营港附近入海。由以上观察可得出两条推论：①在琼山组沉积期，古河流 A 和古河流 B 可能是南渡江的支流，南渡江两条支流从椰海大道与琼山大道交汇处一带由南往北汇入大海，并与主干道南渡江一起联结形成河流三角洲。②全新世早期，南渡江主河道并不在现今的位置，南渡江古河流自白驹大道西侧由南西向北东方向流淌，并最终于道孟河山湖港一带入海，古南渡江河道位置可参考古河流 A。随着河床的摆动迁徙，古南渡江入海口的位置从山湖港一带往北西方向迁徙到了东营港一带，迁徙后的古南渡江位置可参考古河流 B。古南渡江继续向西摆动迁徙，最终形成了如今的南渡江，并于沙上港一带流入海洋。

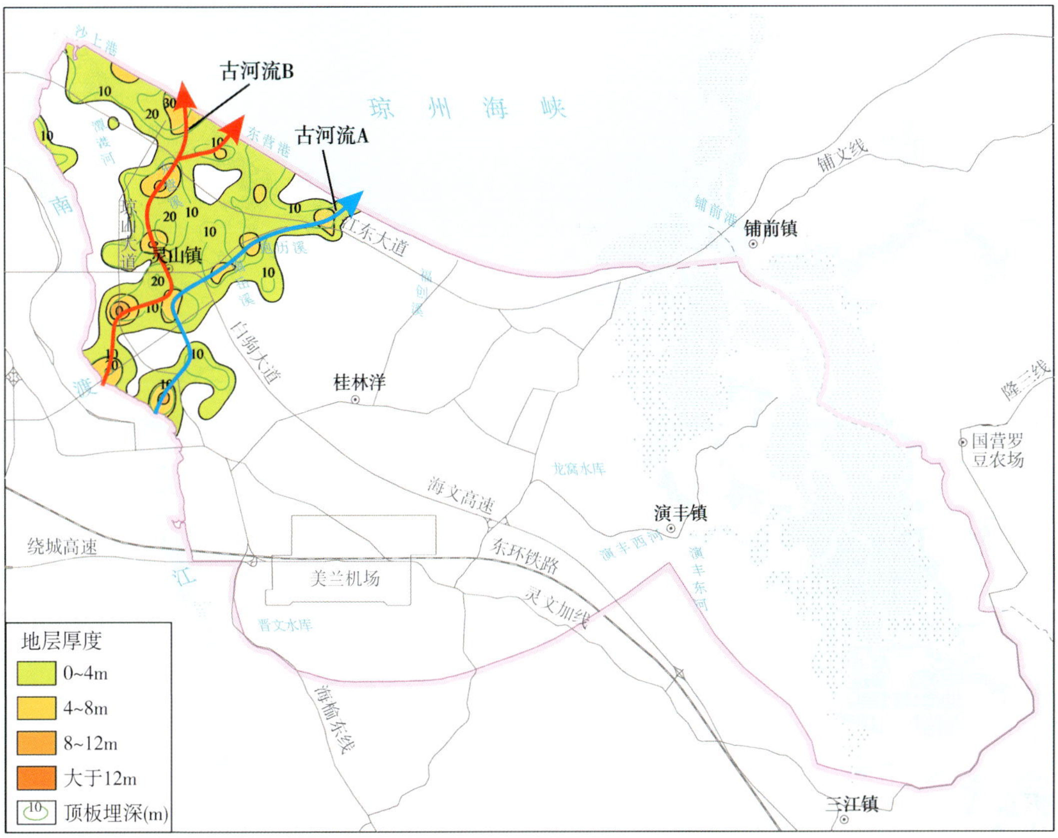

图 6-6　琼山组沉积期古河流推测图

晚全新世是海侵作用与海退作用的转换期，在这一沉积期，海侵达到最强烈后不断出现海退作用（余克服，2009）。江东新区晚全新世烟墩组以厚层状中粗砂层、砾砂层夹薄层状粉砂层、黏土层为特征。砂层中普遍含贝壳碎屑，黏土层中可见碳化木以及植物根茎。根据沉积物岩性组合特征，烟墩组沉积环境属于滨海—潟湖相沉积。烟墩组底部的粗砂层、砂砾层进一步可划分为潮上带环境；顶部黄色中砂层形成于风成环境，海风把沙滩砂向内岸边方向吹扬，进而堆积形成风成沙丘。灰黑色黏土、淤泥质黏土层形成于潟湖相沉积环境。

淤泥质黏土一般形成于水动力弱的还原环境，沼泽和潟湖都可以沉积形成淤泥质黏土。沼泽形成于三角洲平原分支河道间的低洼地区，其表面接近平均高潮线。沼泽中植物繁茂，排水不良，为一停滞的还原环境。其沉积为深色的有机质黏土、淤泥、泥炭。滨海平原区的淡化潟湖，在潮湿多雨的气候条件下，因河流注入、沉积物的淤积、植物的繁殖而逐渐沼泽化，形成沼泽化潟湖，其沉积为深色的有机质黏土、淤泥、煤层。通过钻孔资料整理，将琼山组和烟墩组的淤泥质黏土分布范围绘制成图（图 6-7，图 6-8），可还原出全新世沉积期江东新区沼泽和潟湖的分布特征。由图中可以看出：沼泽分布于南渡江东岸灵山镇至东营镇一带；沼泽化潟湖主要分布于桂林洋经济开发区东北沿海一带以及演丰镇南东部的海湾一带。

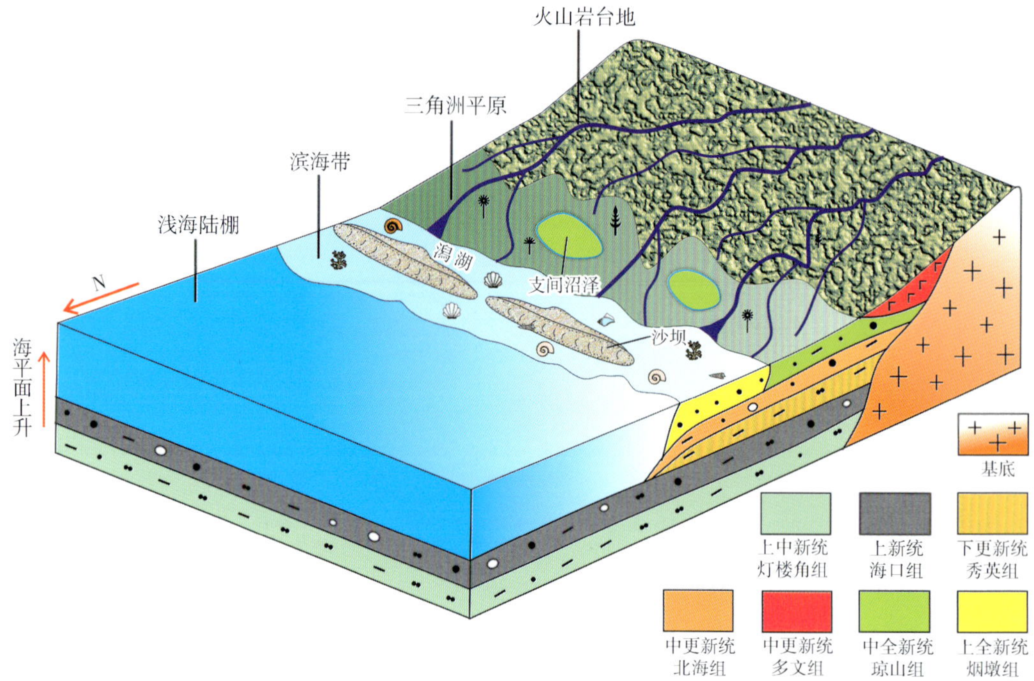

图 6-7　江东新区全新世沉积期沉积模式图

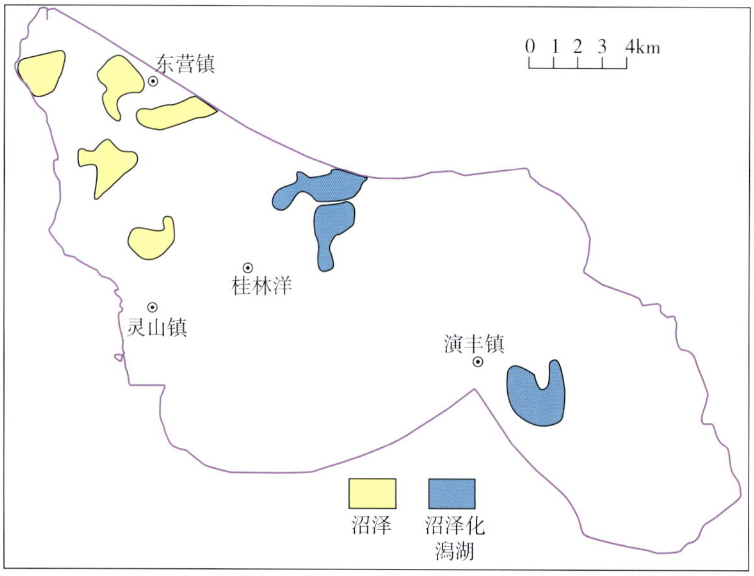

图 6-8　江东新区全新世沼泽和潟湖分布图

主要参考文献

海口市规划委. 2019. 海口江东新区总体规划（2018—2035）［Z］. 海口：海口市规划委.

海南地质大队. 1982. 海南岛 1：20 万水文地质普查报告［R］. 海口：海南地质大队.

海南地质大队. 1977. 广东省海口市长流地区石油化工厂供水水文地质勘探报告［R］. 海口：海南地质大队.

海南地质大队. 1989. 1：5 万长流幅、海口市幅、白莲市幅、灵山市幅区域地质调查报告［R］. 海口：海南省地质矿产勘查开发局.

海南省地质调查院. 2007. 海口市城市环境地质调查报告［R］. 海口：海南省地质调查院.

海南省地质调查院. 2009. 海南省琼北盆地地下水资源评价报告［R］. 海口：海南省地质调查院.

海南省地质调查院. 2016. 海南国际旅游岛水文地质工程地质调查评价报告［R］. 海口：海南省地质调查院.

海南省地质调查院. 2017. 中国区域地质志·海南志［M］. 北京：地质出版社.

海南省地质局. 2019. 海口江东新区地下空间开发利用潜力调查评价综合成果报告［R］. 海口：海南省地质局.

海南省地质矿产勘查开发局. 1997. 海南省岩石地层［M］. 武汉：中国地质大学出版社.

中国石油公司南海分公司. 1978. 雷琼地区迈陈凹陷徐四井完井地质报告［R］. 广东：中国石油公司南海分公司.

侯佑堂，等. 1981. 南海北部大陆架第三纪古生物图册［M］. 广州：广东科技出版社.

刘瑞华，张仲英，韩中元. 1986. 海南岛西部砂地的成因探讨［J］. 热带地理，(3)：256-263.

龙文国，林义华，朱耀河，等. 2006. 海南岛北部第四纪早中更新世多文组的建立［J］. 地质通报，25（3）：408-414.

汪啸风，马大铨，蒋大海，等. 1992. 海南岛地质（一）地层古生物［M］. 北京：地质出版社.

武威，顾宝和，高大钊，等. 2009. 岩土工程勘察规范［S］. 北京：中国建筑工业出版社.

严正，袁宝印，叶莲芳. 1979. 海南岛玻璃陨石（雷公墨）裂变径迹年龄的测定［J］. 地质科学，(1)：37-42.

余克服，陈特固. 2009. 南海北部晚全新世高海平面及其波动的海滩沉积证据［J］. 地学前缘，16（6）：138-145.

张仲英，刘瑞华，韩中元. 1987. 海南岛沿海的第四纪地层［J］. 热带地理，(1)：54-64.

赵希涛，彭贵，张景文. 1979. 海南岛沿岸全新世地层与海平面变化的初步研究［J］. 地质科学，(4).

郑卓，王建华，王斌，等. 2003. 海南岛双池玛珥湖全新世高分辨率环境纪录［J］. 科学通报，(3)：282-286.